全国中等职业学校
全 国 技 工 院 校　培养复合型技能人才系列教材

磨工知识与技能（初级）

（第二版）

人力资源社会保障部教材办公室组织编写

中国劳动社会保障出版社

内容简介

本书主要内容包括：磨削加工基本知识、外圆磨削、内圆磨削、外圆锥面的磨削、平面磨削等。

本书由史巧凤担任主编，孙喜兵、许佳妮、朱桂林、沈建明、柳俊林、房付华、韩玉思参加编写，逯伟担任主审。

图书在版编目（CIP）数据

磨工知识与技能：初级 / 人力资源社会保障部教材办公室组织编写 . -- 2 版 . -- 北京：中国劳动社会保障出版社，2021

全国中等职业学校、全国技工院校培养复合型技能人才系列教材

ISBN 978-7-5167-4908-1

Ⅰ. ①磨…　Ⅱ. ①人…　Ⅲ. ①磨削 - 中等专业学校 - 教材　Ⅳ. ① TG58

中国版本图书馆 CIP 数据核字（2021）第 185083 号

中国劳动社会保障出版社出版发行

（北京市惠新东街 1 号　邮政编码：100029）

*

三河市华骏印务包装有限公司印刷装订　新华书店经销

787 毫米 ×1092 毫米　16 开本　9.5 印张　189 千字

2021 年 11 月第 2 版　　2021 年 11 月第 1 次印刷

定价：19.00 元

读者服务部电话：（010）64929211/84209101/64921644

营销中心电话：（010）64962347

出版社网址：http：//www.class.com.cn

http：//jg.class.com.cn

前言

为了更好地适应全国技工院校机械类专业的教学要求，全面提升教学质量，人力资源社会保障部教材办公室组织有关学校的一线教师和行业、企业专家，在充分调研企业生产和学校教学情况、广泛听取教师对教材使用反馈意见的基础上，对全国技工院校培养复合型技能人才系列教材进行了修订和补充开发。本次修订（新编）的教材包括：《钳工知识与技能（初级）（第二版）》《车工知识与技能（初级）》《铣工知识与技能（初级）（第二版）》《磨工知识与技能（初级）（第二版）》《焊工知识与技能（初级）（第二版）》《电工知识与技能（初级）》等。

本次教材修订（新编）工作的重点主要体现在以下几个方面：

第一，合理更新教材内容。

根据机械类专业毕业生所从事岗位的实际需要和教学实际情况的变化，合理确定学生应具备的能力与知识结构，对部分教材内容及其深度、难度做了适当调整；根据相关专业领域的最新发展，在教材中充实新知识、新技术、新设备、新材料等方面的内容，体现教材的先进性；采用最新国家技术标准，使教材更加科学和规范。

第二，紧密衔接国家职业技能标准要求。

教材编写以国家职业技能标准《钳工（2020年版）》《车工（2018年版）》《铣工（2018年版）》《磨工（2018年版）》《焊工（2018年版）》《电工（2018年版）》等为依据，涵盖国家职业技能标准（初级）的知识和技能要求。

第三，精心设计教材形式。

在教材内容的呈现形式上，尽可能使用图片、实物照片和表格等形式将知识点生动地展示出来，力求让学生更直观地理解和掌握所学内容。在教材插图的制作中采用了立体造型技术，同时部分教材在印刷工艺上采用了四色印刷，增强了教材的表现力。

第四，进一步做好教学服务工作。

本套教材配有习题册和方便教师上课使用的电子课件，可以通过中国技工教育网（http://jg.class.com.cn）下载电子课件等教学资源。另外，在部分教材中使用了二维码技术，针对教材中的教学重点和难点制作了动画、视频、微课等多媒体资源，学生使用移动终端扫描二维码即可在线观看相应内容。

本次教材的修订（新编）工作得到了江苏、山东、河南等省人力资源和社会保障厅及有关学校的大力支持，在此我们表示诚挚的谢意。

人力资源社会保障部教材办公室

2020年11月

目　录

第一单元　磨削加工基本知识 …… 1
课题一　认识磨削加工 …… 1
课题二　认识砂轮 …… 10
课题三　砂轮的使用 …… 19
第二单元　外圆磨削 …… 27
课题一　认识 M1432A 型万能外圆磨床 …… 27
课题二　外圆的纵向磨削 …… 35
课题三　外圆的其他磨削方法 …… 45
课题四　台阶轴的磨削 …… 51
第三单元　内圆磨削 …… 60
课题一　内圆磨床的操纵与调整 …… 60
课题二　通孔磨削 …… 64
课题三　台阶孔及不通孔磨削 …… 76
第四单元　外圆锥面的磨削 …… 82
课题一　转动工作台磨削外圆锥 …… 82
课题二　转动头架磨削外圆锥 …… 95
课题三　转动砂轮架磨削外圆锥 …… 96
课题四　圆锥孔磨削 …… 101
第五单元　平面磨削 …… 107
课题一　认识 M7120D 型平面磨床 …… 107
课题二　平面磨床的操纵 …… 112
课题三　平行平面的磨削 …… 117
课题四　垂直平面的磨削 …… 128
课题五　斜面的磨削 …… 140

第一单元
磨削加工基本知识

课题一　认识磨削加工

一、磨削加工的内容

磨削加工是金属切削加工的主要组成部分。磨削使用的工具主要是高速旋转的砂轮，它以极高的圆周速度磨削工件，并能加工各种高硬度材料的工件，切除多余的金属，使工件的形状、尺寸和表面质量都符合图样要求，成为机械零件。磨削加工的工艺范围如图 1–1 所示。

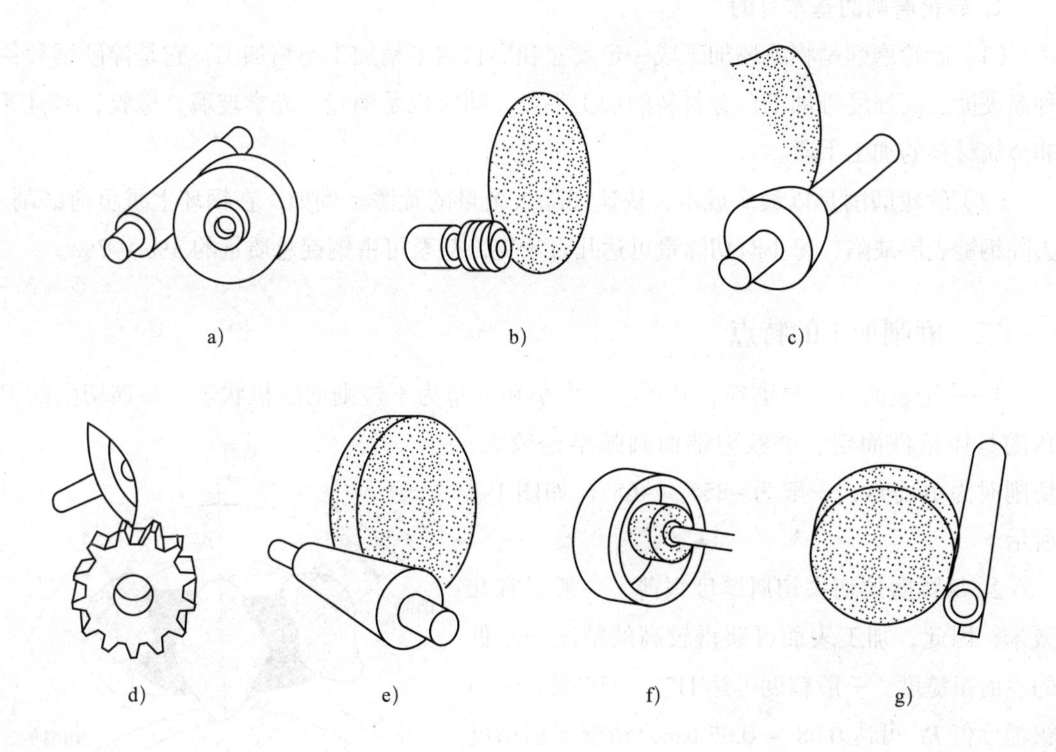

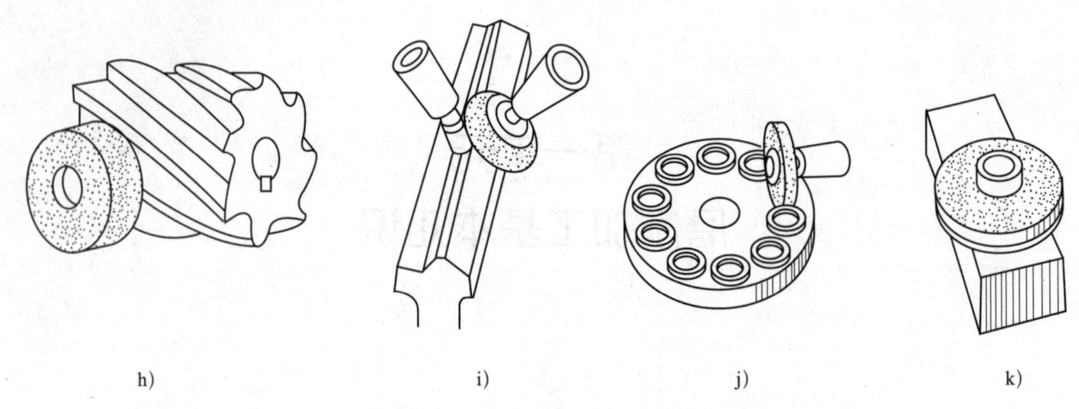

图 1–1　磨削加工的工艺范围

a）外圆磨削　b）螺纹磨削　c）成形磨削　d）齿轮磨削　e）圆锥磨削

f）内圆磨削　g）无心外圆磨削　h）铣刀磨削　i）导轨磨削　j）、k）平面磨削

1. 常用的砂轮磨削方式

一般旋转表面（内、外圆）按夹紧和驱动工件的方法不同，可分为定心磨削和无心磨削；按进给力方向相对于加工表面的关系不同，可分为纵向进给磨削和横向进给磨削；考虑磨削行程后砂轮相对于工件的位置，又可分为通磨和定程磨；按砂轮工作表面类型，可分为周边磨、端面磨和周边—端面磨。

2. 砂轮磨削的基本目的

（1）砂轮磨削是将毛坯加工成一定尺寸和形状的半精加工与精加工，它是淬硬钢和各种高硬度、高强度难加工合金材料的加工手段，同时也是陶瓷、光学玻璃、橡胶、木材等非金属材料的加工手段。

（2）砂轮磨削是以最低成本、快速切除大余量的荒磨。例如，在钢坯上重负荷磨削，去除钢锭表层缺陷，每小时切除量可达几百千克，甚至可占钢锭总质量的 3% ~ 7%。

二、磨削加工的特点

1. 砂轮表面有大量磨粒，其形状、大小和分布为不规则的随机状态，参加切削的刃数随具体条件而定。磨粒刃端面圆弧半径较大，切削时为负前角，一般为 –85° ~ –65°，如图 1–2 所示。

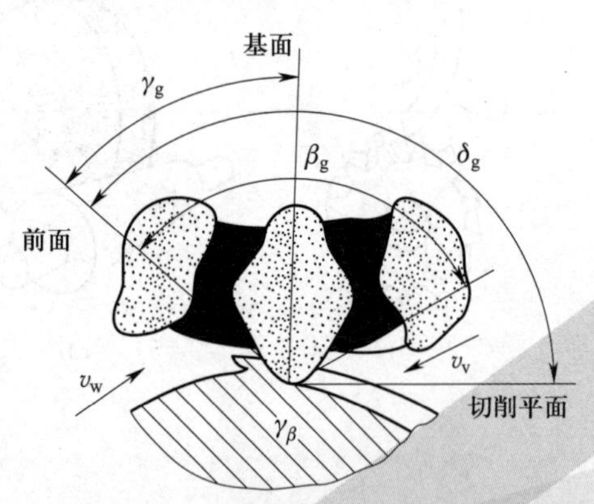

图 1–2　磨刃负前角及工作状态

2. 每颗磨粒切去切屑厚度很薄，一般只有几微米，因此，加工表面可获得较高的精度和较低的表面粗糙度。一般精度可达 IT7 ~ IT6 级，表面粗糙度值 Ra 可达 0.08 ~ 0.05 μm，精密磨削精度更高，故磨削常用于精加工工序。

3. 磨削效率高，一般磨削速度为 35 m/s 左右，

约为普通刀具的20倍，可获得较高的金属切除率。同时，磨粒和工件产生强烈的摩擦、急剧的塑性变形，因而产生大量的磨削热。

4. 砂轮磨粒硬度高，热稳定性好，不但可磨钢材、铸铁等材料，还可磨各种硬度更高的材料，如淬硬钢、硬质合金、玻璃、陶瓷、石材等。

5. 磨粒具有一定的脆性，在磨削力的作用下会破裂，从而更新其切削刃，将这一过程和现象称为砂轮的“自锐作用”。

6. 磨削不但可以进行精加工，还可以进行粗加工。

三、常用磨削加工设备

1. M1432A 型万能外圆磨床

如图 1–3 所示，M1432A 型万能外圆磨床除了可以磨削外圆柱面和外圆锥面外，还可以磨削内圆柱面和内圆锥面，其性能良好，应用广泛。

M1432A 型万能外圆磨床由床身 9、上工作台 7、下工作台 8、头架 1、尾架 6 以及砂轮架 5 等部件组成。床身 9 是一个条箱形铸件，用来支承磨床的各部件，在床身上面有纵向导轨和横向导轨两组导轨，纵向导轨上装有上工作台 7、下工作台 8，横向导轨上装有砂轮架 5。在床身内部装有液压传动装置和其他传动机构。

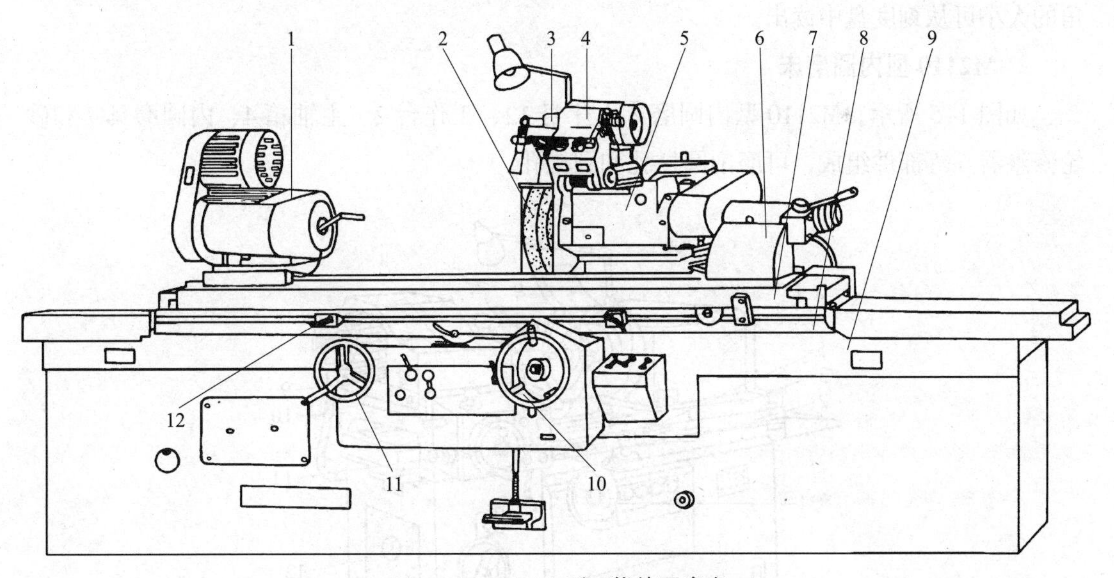

图 1–3　M1432A 型万能外圆磨床

1—头架　2—砂轮　3—内圆磨具　4—磨架　5—砂轮架　6—尾架　7—上工作台
8—下工作台　9—床身　10—横向进给手轮　11—纵向进给手轮　12—撞块

头架 1 和尾架 6 都安装在上工作台 7 上。头架上有主轴，可用顶尖或卡盘夹持工件，并带动工件旋转，头架上的变速机构可以使工件获得不同的转速。尾架的套筒内装有顶尖，当在两顶尖间装夹工件时，用它支承工件的另一端（见图 1–4）。尾架可沿着工作台面上的导轨左右移动，以适应磨削不同长度的工件。在尾架套筒的后端装有弹簧，可调节对工件的压力。头架同样可以移动，但不常使用。

图 1–4　工件装夹在两顶尖间

工作台由液压传动，沿着床身上的纵向导轨做直线往复运动，使工件实现纵向进给。在工作台前侧的 T 形槽内，装有两个可调整位置的换向撞块 12，用以控制工作台自动换向。转动纵向进给手轮 11 可使工作台移动，以进行调节或手动进给。上工作台 7 可相对于下工作台 8 的中心回转一个角度，顺时针方向为 3°，逆时针方向为 6°，以便于磨削圆锥面。若在磨削圆柱面时产生锥度，可通过调整上工作台加以消除。

砂轮 2 装在砂轮架 5 的主轴上，由单独的电动机经带轮直接带动其旋转，摇动横向进给手轮 10 使砂轮架沿着床身后部的横向导轨前后移动。

内圆磨具 3 用于磨削内圆表面。在它的主轴上可装上内圆磨削砂轮，由一个电动机经传动带直接传动。内圆磨具装在可绕铰链回转的磨架 4 上，不用时翻向砂轮架 5 的上方，使用时翻下。

砂轮架 5 和头架 1 都可绕竖直轴线回转一定角度，以磨削圆锥角较大的圆锥面，回转角的大小可从刻度盘中读出。

2. M2110 型内圆磨床

如图 1–5 所示，M2110 型内圆磨床由床身 12、工作台 2、主轴箱 4、内圆磨具 7 和砂轮修整器 6 等部件组成，可磨削圆柱孔和圆锥孔。

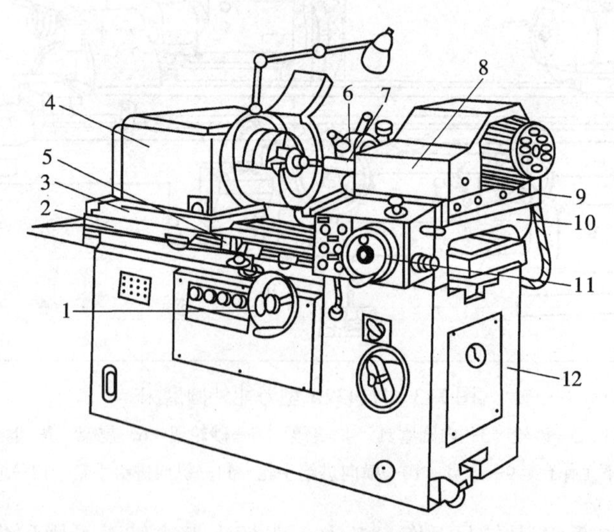

图 1–5　M2110 型内圆磨床

1—纵向进给手轮　2—工作台　3—底板　4—主轴箱　5—撞块　6—砂轮修整器
7—内圆磨具　8—磨具座　9—滑板　10—桥板　11—横向进给手轮　12—床身

主轴箱通过底板 3 固定在工作台的左端。主轴箱中主轴的前端装有卡盘或其他夹具，以夹持并带动工件旋转（见图 1–6）。主轴箱可相对于底板绕竖直轴线转动一定角度，以便磨削圆锥孔。底板可沿着工作台面上的纵向导轨调整位置，以便磨削各种不同的工件。磨削时工作台（采用液压传动）沿着床身上的纵向导轨做往复直线运动（由撞块 5 自动控制换向），使工件实现纵向进给。装卸工件或磨削过程中测量工件尺寸时，工作台需要向左退出较大距离。为了缩短辅助时间，当工件退离砂轮一段距离后，安装在工作台前端的底板可自动控制油路转换为快速行程，使工作台很快地退至左边极限位置。重新开始工作时，工作台先是快速向右，然后自动转换为进给速度。工作台也可用纵向进给手轮 1 移动。

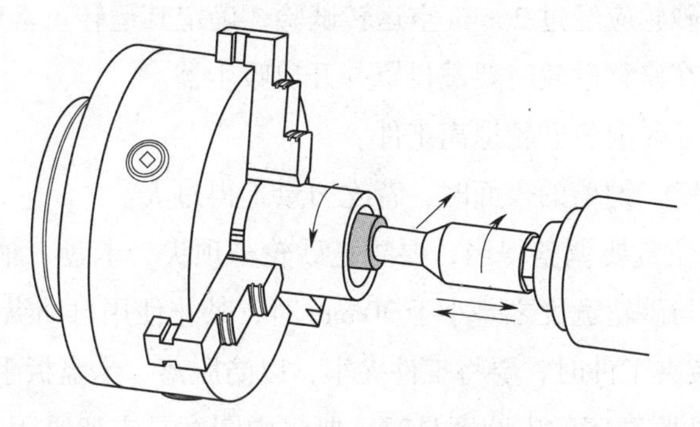

图 1–6　工件装夹在卡盘上

内圆磨具 7 安装在磨具座 8 中，它可以根据磨削孔径的大小进行调换（磨床上各有两套规格不同的内圆磨具）。砂轮主轴由电动机经平带直接带动旋转。磨具座 8 固定在滑板 9 上，后者可沿着固定在床身 12 上的桥板 10 上面的横向导轨移动，使砂轮实现横向进给运动。砂轮的横向进给有手动和自动两种，手动进给由横向进给手轮 11 实现，自动进给由固定在工作台上的撞块控制横向进给机构实现。

砂轮修整器 6 是修整砂轮用的。它安装在工作台中部台面上，根据需要可在纵向和横向调整位置。修整器上的金刚石杆可随着修整器的回转头上下翻转，修整砂轮时放下，磨削时翻起。

四、安全和文明生产

1. 安全知识

必要的安全技术规程是确保安全生产的有力措施。操作者应在思想上高度重视，同时应熟知并严格遵守本工种的安全技术规程，以确保人身和设备的安全，避免事故的发生。

（1）工作时要穿工作服，女工要戴工作帽。操作时不能戴手套，夏天不得穿凉鞋进入车间。

（2）应根据工件材料、硬度及加工要求选择适当的砂轮进行磨削。砂轮的最高工作线

速度要符合机床规格要求。新砂轮在使用前要用木锤轻轻敲击以检查是否有裂纹（见图 1–7），严禁使用敲击时声音嘶哑或外观有裂纹的砂轮。

（3）安装砂轮时，应在砂轮与法兰盘之间垫以衬纸。砂轮安装后要做静平衡。

（4）砂轮罩壳要齐全、牢固，开机前要检查工件、砂轮、卡盘、撞块等是否紧固。

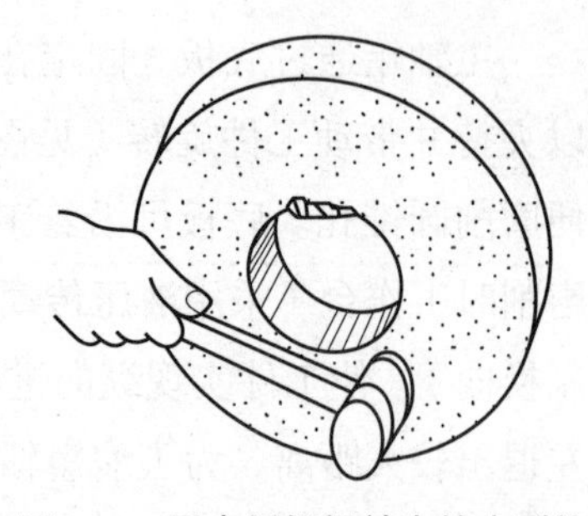

图 1–7　用木锤轻轻敲击检查裂纹

（5）磨削前要检查磨床机械系统、液压系统、电磁吸盘等是否正常。启动砂轮时，人不可正对砂轮站立。砂轮应经过 2 mim 空运转试验，确定其运转正常后才能开始磨削。

（6）干磨的磨床在修整砂轮时要戴口罩并开启吸尘器。

（7）测量工件尺寸时要将砂轮退离工件。

（8）磨削带有花键、键槽的表面时，背吃刀量不得过大。

（9）磨床撞块的位置要调整得当，要防止砂轮与顶尖、卡盘、轴肩等部位发生撞击。当所磨工件凹槽宽度与砂轮宽度之差小于 30 mm 时，禁止使用自动纵向进给。

（10）使用卡盘装夹工件时，要将工件夹牢，以防脱落，卡盘扳手用后应及时取下。

（11）使用万能外圆磨床的内圆磨具时，要将内圆磨具支架紧固，并检查砂轮快速进退机构的联锁是否可靠。

（12）不得在头架及工作台上放置工具或量具。

（13）在平面磨床上磨削高而狭的工件时，应在工件两侧放置挡块。

（14）禁止使用平形砂轮磨削工件较宽的端面。

（15）禁止在无心磨床上磨削弯曲或没有校直的工件。

（16）使用切削液的磨床，磨削结束后应让砂轮空转 1 ~ 2 min 脱水。

（17）不能使砂轮冻结，以防产生裂纹。

（18）使用油性切削液的磨床，在操作时应关好防护罩并启动吸油雾装置，以防油雾飞溅。

（19）注意安全用电，不得随意打开电气箱。操作时如发现电气故障，应请电工检修。

（20）不得随意使用火种，注意防火，并熟悉消防器材的使用方法。

（21）操作时必须集中精力，不得擅自离开。

（22）熟悉有关安全抢救知识，以备发生事故时能及时采取措施。

2. 文明生产

操作者应注意养成下列文明生产的习惯。

（1）操作过程中要保持工作场地整洁。

（2）要爱护图纸和工艺文件，保持其整洁、完好。

（3）要正确使用量具、工具、夹具、辅具，并做好日常保养工作。

（4）要合理操纵磨床，不得敲击、损坏磨床零部件，定期做好磨床的保养工作。

（5）磨削完毕的工件要放在工位器具内，以防止碰伤、拉毛工件或使工件生锈。

（6）成批生产的工件要做首件检验。

（7）下班前应清理好磨床及工作场地。

（8）做好交接班工作，并做好记录。

（9）合理组织工作位置。工作位置组织主要包括工件、量具、砂轮、工具、辅具的安放。每种物品都应放在指定的部位，要避免出现混乱现象。如图 1–8 所示为典型的工作位置组织示意图，图中表明了磨床、工具箱、测量平板、砂轮储存箱等工作位置组织安排。

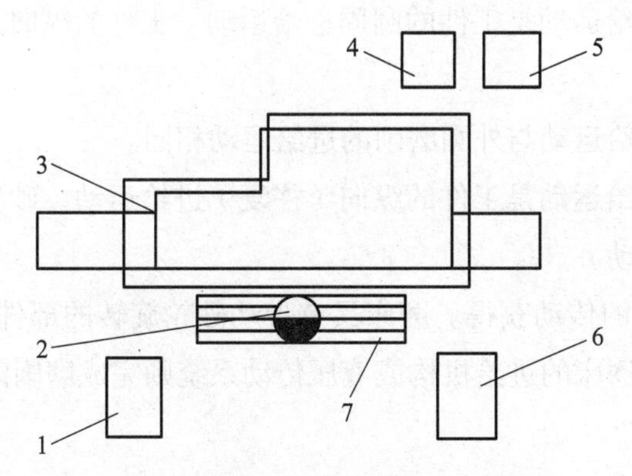

图 1–8　典型的工作位置组织示意图

1—测量平板　2—操作位置　3—磨床　4—存放夹具支架

5—砂轮储存箱　6—工具箱　7—脚踏板

五、磨削用量的概念

如图 1–9 所示，在磨削过程中，为了切除工件表面多余的金属，必须使工件和刀具做相对运动。

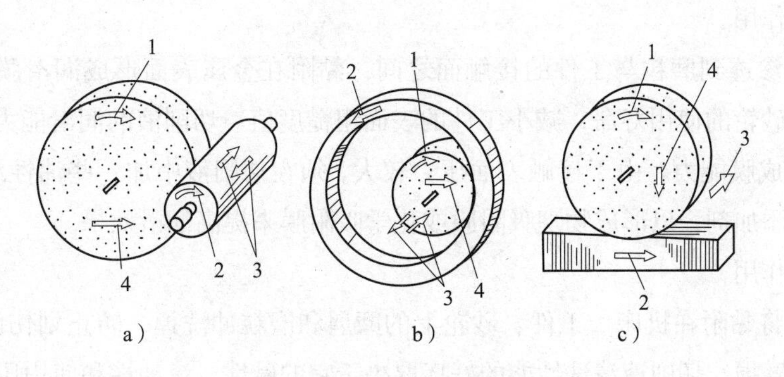

图 1–9　磨削运动

a）外圆磨削　b）内圆磨削　c）平面磨削

1—主运动　2、3、4—进给运动

1. 磨削运动的分类

磨削运动分为主运动和进给运动两种。

（1）主运动

直接切除工件上的金属使之变为切屑，形成新表面的运动称为主运动。图 1–9 中砂轮的旋转运动就是磨削的主运动，主运动速度高，要消耗大部分的机床动力。

（2）进给运动

使新的材料不断地投入磨削，以逐渐切出整个工件表面的运动称为进给运动。图 1–9 中的“2、3、4”均为进给运动，根据磨削方式的不同，其运动方式也有所区别。

2. 不同磨削方式的进给运动

（1）外圆磨削的进给运动是工件的圆周进给运动、工件的纵向进给运动和砂轮的横向进给运动。

（2）内圆磨削的进给运动与外圆磨削的进给运动相同。

（3）平面磨削的进给运动是工件的纵向（往复）进给运动、砂轮或工件的横向进给运动和砂轮的垂直进给运动。

磨削运动均由磨床的传动获得。磨床具有带动砂轮旋转的部件，如砂轮架、磨头等，以完成磨削的主运动，磨床的进给机构或液压传动系统则完成磨削的进给运动。

六、切削液

合理选用切削液，可以减小磨削过程中的摩擦，降低磨削热，提高已加工表面质量。

1. 切削液的作用

（1）冷却作用

切削液一方面减小磨屑、砂轮、工件间的摩擦，减少切削热的产生；另一方面带走绝大部分磨削热，使磨削温度降低。切削液冷却性能的好坏取决于切削液的热导率、比热容和流量等，其上述物理性能量值越大，冷却性能就越好。

（2）润滑作用

切削液能渗透到磨粒与工件的接触面之间，黏附在金属表面形成润滑膜，以减小摩擦，从而延长砂轮的使用寿命，减小工件的表面粗糙度值。切削液的润滑能力取决于切削液的渗透性、成膜能力。由于接触表面压力较大，须在切削液中加一些油性添加剂或硫、氯、磷等极压添加剂，以形成物理吸附膜或化学吸附膜来提高润滑效果。

（3）清洗作用

切削液可将黏附在机床、工件、砂轮上的磨屑和磨粒冲洗掉，防止划伤已加工表面，并减少砂轮的磨损。切削液清洗性能的好坏取决于它的碱性、流动性和使用压力。

2. 切削液的种类

磨削时使用的切削液可分为水溶液、乳化液和油类三大类。

（1）水溶液

水溶液的主要成分是水，其冷却性能较好，但易使机床和工件生锈，使用时须加入防锈剂。

（2）乳化液

乳化液是乳化油和水的混合物。乳化油由矿物油和乳化剂配制而成。乳化液具有良好的冷却作用，若再加入一定比例的油性添加剂和防锈剂，则可成为既能润滑又可防锈的乳化液。

使用时，取质量分数为2%～5%的乳化油和水配制即可。天冷时，可用少量温水将乳化油融化，然后再加入冷水调匀。乳化液调配的含量应视工件的材料而定。例如，磨削铝制工件时乳化油含量不宜过高，否则会引起表面腐蚀；磨削不锈钢工件时，采用较高含量的乳化油效果较好。精磨时乳化油含量应比粗磨时高一些。

（3）油类切削液

油类切削液的主要成分是矿物油。矿物油的油性差，不能形成牢固的吸附膜；润滑能力差，在磨削时须加入极压添加剂，即成为极压机械油，常用于螺纹磨削和齿轮磨削。极压机械油配方见表1-1。

表1-1　　　　极压机械油配方

成分	含量（质量分数）/ %
石油磺酸钠（防锈剂）	2
氯化石蜡（极压添加剂）	10
环烷酸铅（极压添加剂）	6
L-AN15全损耗系统用油 L-AN32全损耗系统用油	72
L-AN5全损耗系统用油	10

课题二 认识砂轮

一、砂轮的组织结构

砂轮是由磨料和结合剂制成的（见图 1–10），并且还有许多孔隙，起着散热和容纳磨屑的作用。

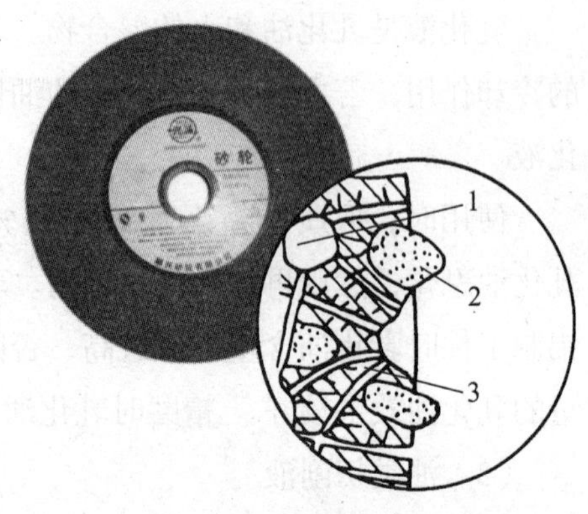

图 1–10 砂轮结构示意图

1—气孔 2—磨粒 3—结合剂

砂轮中磨粒的分布不但杂乱无章，而且参差不齐。如果以砂轮的最外圆周（即通过磨粒最外点的圆周）作为基准圆，则砂轮周面上许多磨粒切削刃的顶峰距离基准圆远近不等。磨粒切削刃的这种分布性质称为微刃的不等高性。磨削时，砂轮用这些锋利的刃把一层极薄的金属从工件上切除。

在磨削过程中，上述切削刃是不断变化的，开始时锋利，而后因磨损而变钝，钝化了的磨粒继续进行磨削，作用于磨粒上的力就不断增大。有时磨粒所受的压力尚未超过结合剂的黏结力，但已足以使磨粒崩碎，则磨粒就部分崩碎而形成新的锋利的棱角；有时磨粒所受的压力超过结合剂的黏结力，此时该磨粒则自行脱落，露出新的锋利的磨粒。钝化了的磨粒崩碎或自行脱落，又出现锋利的磨粒，使其保持了原来的切削性能，砂轮的这种性能称为“自锐性”。

二、砂轮的特性

砂轮的特性包括磨料、粒度、结合剂、硬度、组织、形状和尺寸、强度等。

1. 磨料

砂轮中磨粒的材料称为磨料。磨料是砂轮的主要组成部分，在磨削过程中，直接担负着切削工作，它要经受剧烈的挤压、摩擦以及高温的作用。所以，磨料必须具备很高的硬度、耐热性以及相当的韧性，同时还要具有比较锋利的切削刃口，以便切入金属。

磨料有天然的和人造的两类。一般天然磨料都有成分不纯、质量不均匀的缺点。天然金刚石虽好，但其价格昂贵，也很少采用。所以，目前制造砂轮用的磨料主要是各种人造磨料。人造磨料比天然磨料（天然金刚石例外）品质纯，硬度高，性能好，常用磨料的品种、代号、特性及应用范围见表 1–2。

表 1–2　　　　　　常用磨料的品种、代号、特性及应用范围

品种	名称	代号	特性	应用范围
刚玉类	棕刚玉	A	呈棕黑色，硬度较高，韧性较好，价格相对较低	适用于磨削抗拉强度较高的金属材料，如碳钢、合金钢、可锻铸铁、硬青铜等
	白刚玉	WA	呈白色，硬度比棕刚玉高，韧性比棕刚玉差，易破碎，棱角锋利	适用于磨削合金钢、高速钢以及加工螺纹、薄壁件等
	单晶刚玉	SA	呈淡黄色或白色，单颗粒球状晶体，强度与韧性均比棕刚玉、白刚玉高，切削能力较强	适用于磨削不锈钢、高钒钢、高速钢等高硬、高韧性材料，以及易变形、烧伤的工件
	微晶刚玉	MA	呈棕黑色，磨粒由许多微小晶体组成，韧性好，强度高，工作时呈微刃破碎，自锐性能好	适用于磨削不锈钢、轴承钢、特殊球墨铸铁等较难磨削材料，也适用于成形磨、切入磨、高速磨及镜面磨等精加工
	铬刚玉	PA	呈玫瑰红或紫红色，韧性好于白刚玉，效率高，加工后表面粗糙度值较低	适用于刀具、量具、仪表、螺纹等低粗糙度值表面的磨削
	锆刚玉	ZA	呈灰白色，具有较高的韧性和耐磨性	适用于对耐热合金钢、钛合金及奥氏体不锈钢等难磨材料的磨削和重负荷磨削
	黑刚玉	BA	呈黑色，又名人造金刚石，硬度低，但韧性好，自锐性好，亲水性能好，价格较低	多用于研磨与抛光，并可用来制作树脂砂轮、砂纸等
碳化物系	黑色碳化硅	C	呈黑色，有光泽，硬度高，但性脆，棱角锋利，自锐性优于刚玉	适用于磨削铸铁、黄铜、铅、锌等抗拉强度较低的材料，也适用于加工各类非金属材料，如橡胶、耐火材料等的干磨，还可用于珠宝、玉器的自由磨料研磨等

续表

品种	名称	代号	特性	应用范围
碳化物系	绿色碳化硅	GC	呈绿色，硬度和脆性均比黑色碳化硅高，导热性好，棱角锋利，自锐性能好	主要用于硬质合金刀具和工件、螺纹和其他工具的精磨，适用于加工宝石及贵重金属，半导体的切割、磨削和自由磨料的研磨等
	碳化硼	BC	呈灰黑色，在普通磨料中硬度最高，棱角锋利，耐磨性好	适用于硬质合金、宝石及玉石等材料的研磨与抛光
超硬类	立方氮化硼	CBN	硬度很高，耐磨性很好，热稳定性、化学稳定性优良	适用于加工钢铁材料，非常适合数控机床加工
	人造钨钢石	D	硬度较高，耐磨性随着工件材料硬度增大而提高，导热性好，可在纳米级稳定切削	主要用于加工各种硬质合金及非金属材料

2. 粒度

粒度是指磨料颗粒尺寸的大小，即粗细程度。粒度分为磨粒和微粉两种：对于用筛网筛分的方法来区分的粗磨粒，以其能通过筛网上每英寸长度上的孔数来表示粒度，粒度号为 4 ~ 220，粒度号码越大，磨粒就越细；对于用电阻法测量来确定粒度号的微细磨粒（又称微粉），粒度号为 240 ~ 8000。常用磨粒粒度号及应用范围见表 1–3。

表 1–3　　常用磨粒粒度号及应用范围

粒度号	应用范围
4　5　6　8　10　12　14　16　20　22　24　30　36	用于粗磨、荒磨、打磨毛刺及切割等
40　46　54　60	用于一般要求的半精磨
70　80　90　100	用于一般要求的精磨
120　150　180　220　240　280　320　360　400　500	用于研磨、超精磨、珩磨、螺纹磨等
600　700　800　1000　1200　1500　2000　2500　3000　4000　6000　8000	用于精磨、超精磨、镜面磨、精细抛光等

3. 结合剂

结合剂的作用是把磨料固结在一起，使其具有一定形状、强度和良好磨削性能的粘接材料。结合剂除了应保证磨具在高速旋转时不破裂外，还应对磨粒有适当的把持能力，使磨粒在锋利状态时不至于整颗粒脱落，而在磨钝后又能及时破碎或脱落，以保证磨具具有良好的磨削性能。常用结合剂性能及应用范围见表1–4。

表1–4　　常用结合剂性能及应用范围

结合剂	代号	性能	应用范围
陶瓷	V	1. 力学性能和化学性能稳定，能耐热和耐腐蚀，极能适应各种切削液，储存时间也较长 2. 砂轮的多孔性好，有利于散热和容纳磨屑，砂轮不易堵塞 3. 呈脆性，不能承受大的冲击力和侧面压力，易产生裂纹，不能制造薄片砂轮 4. 切削热较大 5. 冻结会产生裂纹	适用于各类磨削加工
树脂	B	1. 有很高的强度，可制成薄片砂轮和线速度为50 m/s的高速磨削砂轮 2. 砂轮具有较好的自锐性，磨削效率高 3. 砂轮具有一定的弹性，可避免烧伤工件表面，同时还具有一定的抛光作用 4. 耐热温度为200 ℃左右，故当磨削温度升高时，砂轮会快速损耗，失去正确的外形 5. 化学性能不稳定，易受碱、油和水的侵蚀。在潮湿的环境存放也会降低砂轮的强度。故一般树脂砂轮的存放期不超过一年	适用于高速磨削、切断、开槽等
橡胶	R	1. 耐热温度低于150 ℃，耐湿性也较差，易于老化，存放期为两年 2. 有较好的弹性，可制成薄片砂轮 3. 不易烧伤工件，且有良好的抛光作用 4. 砂轮的气孔小	适用于切断、开槽等

4. 硬度

磨具的硬度是指结合剂固结磨料的强度。即当外力作用在磨具表面时，结合剂抵抗外力使磨粒从磨具表面脱落的难易程度。磨粒容易脱落的，磨具硬度就低，反之硬度就高。可见，磨具的硬度主要由结合剂的黏接强度决定，而与磨粒的硬度无关。磨具硬度等级用英文字母标记见表 1–5，A 为最软，Y 为最硬。

表 1–5　　　　磨具硬度等级及代号

硬度等级	代号
超软	A B C D
很软	E F G
软	H J K
中	L M N
硬	P Q R S
很硬	T
超硬	Y

5. 组织

磨具的组织是指磨料、结合剂、气孔三者之间体积的比例关系，用来表示结构紧密和疏松程度。磨具组织级别目前有两种表示方法：一种是体积中磨粒所占体积的百分比，即磨粒率表示；另一种是磨具中气孔的数量和大小，即气孔率表示。磨粒率小或气孔率大说明磨具的组织疏松，反之组织紧密。通常以磨粒率表示磨具的组织，见表 1–6。

表 1–6　　　　磨具的组织号（以磨粒率表示）

组织号	0	1	2	3	4	5	6	7	8	9	10	11	12	13	14
磨粒率（%）	62	60	58	56	54	52	50	48	46	44	42	40	38	36	34
疏密程度	紧密				中等				疏松					大气孔	
适用范围	重负荷磨削，成形、精密磨削，间断磨削及自由磨削或加工硬脆材料等				无心磨、内圆磨、外圆磨和工具磨，淬火钢工件磨削及刀具刃磨等				粗磨和磨削韧性不大、硬度不高的工件，适合磨削薄壁、细长工件或砂轮与工件接触面积大以及平面磨削等					磨削热敏性较大的钨银合金、磁钢、有色合金以及塑料、橡胶等非金属材料	

组织号大即磨粒率小，磨具中的气孔数量多，磨具具有一定的容屑空间，有利于把切削液等带到磨削区域，既可降低磨削区温度，又能避免堵塞。组织号小，组织紧密，容纳切屑困难，易烧伤工件。

6. 磨具的形状和尺寸

磨具正确的几何形状和尺寸是保证磨削加工正常进行的必要条件。由于被加工零件的形状、加工方法和磨床类型的不同，磨具也被制成许多不同的形状和尺寸。常见的砂轮形状、代号及用途见表 1–7。

表 1–7　　常见的砂轮形状、代号及用途

砂轮名称	代号	断面形状	用途
平形砂轮	1	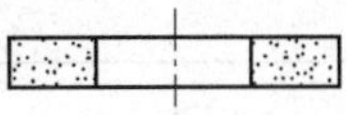	外圆磨削、内圆磨削、平面磨削、无心磨削、刃磨刀具、螺纹磨削
薄片砂轮	41	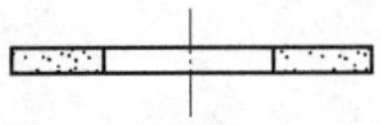	切断和开槽等
筒形砂轮	2	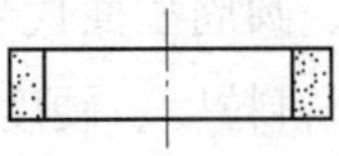	立式平面磨床
碗形砂轮	11	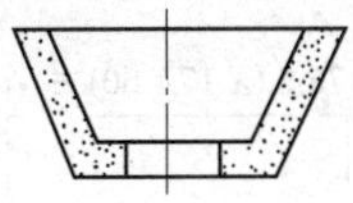	刃磨刀具、磨导轨
碟形 1 号砂轮	12a	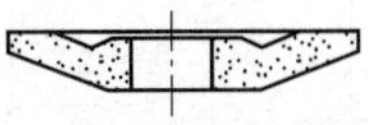	磨铣刀、铰刀、拉刀、齿轮
双斜边砂轮	4	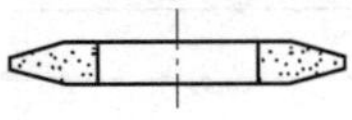	磨齿轮及螺纹
杯形砂轮	6	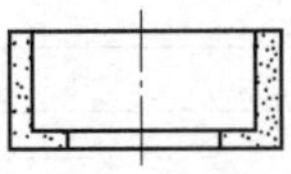	磨平面、内圆，刃磨刀具

7. 磨具的强度

砂轮高速旋转时，砂轮上任何部分都受到惯性力的作用，而且惯性力的大小与砂轮圆周速度的平方成正比，所以当圆周速度达到某一值时，惯性力超过砂轮强度，砂轮就会破裂。因此，砂轮的强度通常用砂轮的最高工作线速度表示。普通砂轮的最高工作线速度见表 1–8。

表 1-8　　普通砂轮最高工作线速度

磨具名称	形状代号	最高工作线速度（m/s）		
		陶瓷结合剂	树脂结合剂	橡胶结合剂
平形砂轮	1	35	40	35
筒形砂轮	2	25	30	
双斜边砂轮	4	35	40	
杯形砂轮	6	30	35	
碗形砂轮	11	30	35	
碟形砂轮	12a	30	35	
薄片砂轮	41	35	50	50

8. 普通磨具的标记

根据国家标准《固结磨具　一般要求》（GB/T 2484—2018）规定，磨具的标记应依次包括磨具名称、产品标准号、基本形状代号、圆周型面代号（若有）、尺寸（包括型面尺寸）、磨料牌号（可选性的）、磨料种类、磨料粒度、硬度等级、组织号（可选性的）、结合剂种类、最高工作速度，如图 1-11 所示。

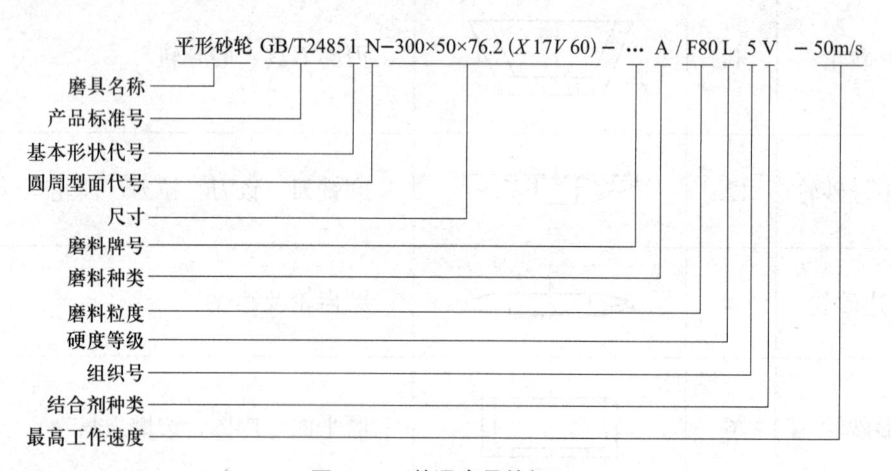

图 1-11　普通磨具的标记

三、砂轮的选择

1. 砂轮选择的一般原则

（1）工件材料的物理力学性能（强度、硬度、韧性、导热性等）。

（2）工件的热处理方法（调质处理、淬火、氮化等）。

（3）对磨削表面粗糙度和精度的要求。

（4）工件的磨削余量。

（5）工件的形状和尺寸（成形面、曲面、长度、厚度等）。

（6）工件的磨削方式（外圆、内圆或平面磨削、切断等）。

此外，磨削用量、冷却状况、磨床状况、修整砂轮方法、生产类型以及操作者的熟练程度等，都对选择砂轮有一定影响，在实际工作中，应从具体情况出发加以分析，再参照以上原则及实践经验选择合适的砂轮。

2. 磨粒粒度选择的原则

（1）加工要求高时，选用较细粒度。因为粒度越细，同时参加切削的磨粒数越多，工件表面上残留的切痕越小，表面质量就越高。

（2）当磨具和工件接触面积较大或磨削深度较大时，应选用粗粒度的磨具。因为粗粒度的磨具和工件的摩擦小，发热也较小。例如磨平面时，用砂轮端面磨削比用圆周面磨削磨具粒度要粗一些。

（3）粗磨时粒度应比精磨时粗，以提高生产效率。

（4）切断和磨沟工序应选用粗粒度、组织疏松、硬度较高的砂轮。

（5）磨削较软金属或韧性金属时，砂轮表面易被切屑堵塞，所以应选用粒度粗的砂轮。磨削硬度高的材料，应选用较粗粒度。

（6）成形磨削时宜选用较细粒度，可较好地保持砂轮形状。

（7）高速磨削时，为了提高磨削效率，要比普通磨削时偏细 1 ~ 2 个粒度号。因粒度细，单位工件面积上的磨粒增多，每颗磨粒受力相应减小，不易钝化。

3. 磨具硬度选择的原则

（1）工件硬度较高时，磨具的硬度应选较软的，反之应选较硬的。因为工件硬度较高时，磨削时磨粒承受压力大而易变钝，选较软的砂轮可及时产生自锐，保持砂轮的磨削性能。工件硬度较低时，磨粒钝化慢，为使磨粒不至于在磨钝前就脱落，故应选较硬的砂轮。但工件硬度较低而韧性又大的有色金属、橡胶等材料磨削时，由于切屑容易堵塞砂轮，应选粒度较粗而硬度较低的砂轮。

（2）磨削接触面积较大时，磨粒较易磨损，应选用较软的砂轮。例如内圆磨削、平面磨削比外圆磨削的接触面积大（见图 1–12），用砂轮端面磨平面，比用砂轮圆周磨平面的接触面积大，所以应比外圆磨砂轮软一些。薄壁零件及导热性差的零件应选较软的砂轮。

（3）半精磨与粗磨相比，需用较软的砂轮。但精磨和成形磨削时，为了较长时间保持砂轮轮廓，应选用较硬的砂轮。

（4）磨削断续表面，如花键轴、有键槽的外圆等，由于有撞击作用而使磨粒较易脱落，所以硬度应高一些。

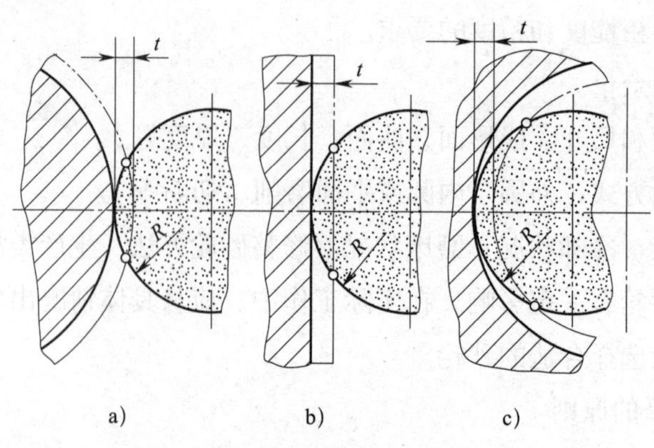

图 1-12　磨削时接触面积的比较

a）外圆磨削　b）平面磨削　c）内圆磨削

（5）砂轮线速度低，工件线速度高或纵向进给量大时，磨粒受力较大，应选用较硬的砂轮，以免磨粒过早脱落。

（6）干磨应比湿磨的砂轮选得稍软一些，以减少发热量。

在机械加工时，常用的砂轮硬度等级一般是磨削淬过火的碳素钢、合金钢、高速钢选用硬度为 H ~ L，磨削未淬火的选用硬度为 K、L。

4. 结合剂的选择

（1）在绝大多数磨削工序中，如内圆、外圆、平面、齿轮、螺纹磨削以及刃磨刀具等，一般都采用陶瓷结合剂砂轮。

（2）在下列工序中常用树脂结合剂。

1）荒磨和粗磨等冲击较大的工序，如粗磨钢锭外皮、铸件打毛刺、粗磨平面等。

2）需要减少发热量，避免工件发生烧伤和变形的工序，如用砂轮端面磨平面，磨削某些热敏性高的刀具刃面、薄壁薄片零件等。

（3）在下列工序中常用树脂结合剂或橡胶结合剂。

1）切断与开槽。

2）高级的精细磨削、超精磨削以及滚动轴承内、外沟槽的磨削等，以保证获得较低的表面粗糙度值，并避免烧伤工件。

3）无心磨床用的导轮，都采用橡胶结合剂。

5. 磨具的组织

（1）磨削时，下列情况可选用组织疏松些的磨具：硬度低而韧性大的材料；导热性差、易变形的零件；磨削余量大、表面粗糙度要求较低的零件。

（2）磨削时，下列情况可选用组织紧密些的磨具：成形磨削和精密磨削；磨钢球；高速重负荷磨钢坯。

6. 磨具形状的选择

（1）磨床刚性好、动力大，可选用较宽的砂轮。

（2）加工软而韧的薄壁件、细长件应选用较窄的砂轮。

（3）对切入式和成形磨削，砂轮宽度略大于工件加工部分的宽度即可。

（4）磨削效率和加工表面质量要求较高时，可选用较宽的砂轮；在安全速度和机床允许的情况下，尽可能选用直径大一些的砂轮。

（5）磨内孔砂轮的直径，一般孔径比值在 0.5 ~ 0.9 之间。选用较大直径的砂轮可提高磨削速度，提高加工精度和减小表面粗糙度值，但需要处理好冷却与排屑。

7. 强度

砂轮出厂的回转检验速度是砂轮最高工作线速度的 1.6 倍，如某砂轮最高工作线速度为 35 m/s，其回转检验速度为 35 m/s × 1.6 = 56 m/s。为确保安全，外径大于 150 mm 的砂轮，必须经过安全回转检验后才能使用，并在砂轮上标出最高工作线速度。

四、砂轮的保管

各种砂轮，特别是陶瓷结合剂砂轮，在搬运或储存中，都不应该使砂轮受到强烈的振动和撞击，以免造成裂纹、碎裂和掉边现象。

砂轮存放地点应选择适当，以免砂轮受潮、受冻和发生撞击。还应注意不使橡胶结合剂砂轮与油类接触，不使树脂结合剂砂轮与碱类接触，否则将大大降低砂轮的强度和磨削能力。

砂轮放置的要求应视其形状而定。直径较大和较厚的砂轮应直立或稍呈倾斜摆放。较薄和较小的砂轮应平叠放置，但切勿堆放过高，以免倒下摔碎。对于橡胶和树脂结合剂的薄片砂轮还必须在它的上、下面各放一块平整光滑的铁板，以防砂轮发生弯曲变形。小直径的砂轮（50 mm 以内）可用绳索串起来保管。

印有砂轮特性的标记，不能随便撕去或失落，以防使用时发生混乱。

橡胶和树脂都会发生“老化”现象，所以这两种结合剂的砂轮，存放期不能过长，树脂结合剂砂轮的存放期为一年，橡胶结合剂砂轮的存放期为二年。

课题三　砂轮的使用

一、砂轮的检查

在安装砂轮之前，要认真仔细检查其是否有裂纹。方法是将砂轮吊起（较小的砂轮也可拿在手里），用木锤轻轻敲打（见图 1–7），无裂纹的砂轮其声音是清脆的，如果发出哑声（特别是陶瓷结合剂砂轮），说明已有裂纹，绝对不可使用。砂轮安装前，还应仔细检查是否受潮，因为受潮的砂轮（特别是部分受潮）在平衡时会遇到很大的困难，甚至无法平衡好砂轮。

二、砂轮在法兰盘上的安装

1. 砂轮一般用法兰盘安装，如图 1–13 所示。法兰盘主要由法兰底盘 1、法兰盘 2、衬垫 3、内六角螺钉 4 等组成。

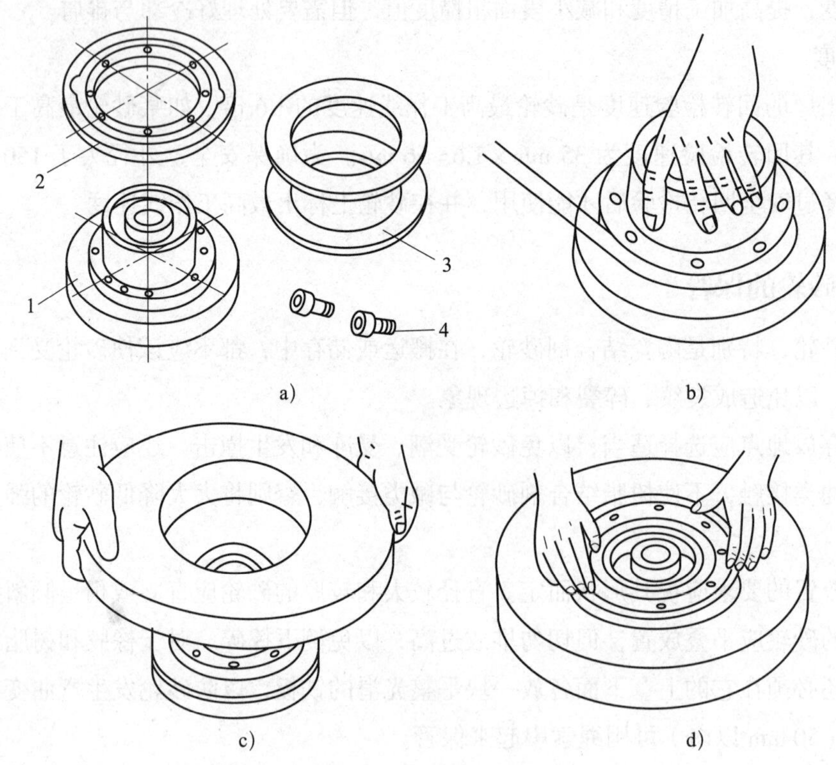

图 1–13　砂轮的安装

1—法兰底盘　2—法兰盘　3—衬垫　4—内六角螺钉

砂轮安装时，砂轮孔与法兰轴套外圆的配合，松紧要恰当。如果太松，砂轮的中心与法兰的中心偏移太大，砂轮将会失去平衡。这时，必须在法兰外圆垫上一层纸片，加以消除。如果砂轮孔径比法兰轴套外圆大得太多，就要配制另外一个轴套。砂轮孔与法兰轴套的配合间隙，可参考表 1–9。

表 1–9　　砂轮安装的配合间隙　　mm

砂轮孔径	与轴套外圆的间隙
<100	0.1 ~ 0.5
101 ~ 250	0.2 ~ 0.6
>250	0.2 ~ 0.8

如果发现砂轮内孔与法兰轴套配合过紧，绝不允许用力压进去，更不允许用手锤敲进去，如果硬压进去，很脆的砂轮就容易碎裂。如果砂轮内孔是粉质敷料的，可用刮刀仔细地将孔扩大一些，相差太多的话，就要装在车床上找正砂轮外圆，然后用车刀将内孔扩大，直至符合表 1–9 的配合间隙为止。如果砂轮内孔与法兰盘底座定心轴颈之间的间隙较大，可在法兰盘底座的定心轴颈处粘一层胶带，以减小配合间隙。

2. 在法兰轴套端面和砂轮之间必须垫上弹性材料（如黄纸板）制成的衬垫。厚度为 0.5 ~ 1 mm，衬垫直径要比法兰轴套端面稍大。这样，在压紧法兰轴套时，可使压力均匀地分布在整个接触面上。两个法兰盘外径及环形表面的尺寸相同。

3. 砂轮连同法兰盘一起装上磨床主轴时，必须把法兰盘的锥孔与磨床主轴上的圆锥体部分擦得很干净，以免影响砂轮和主轴的同轴度。

4. 在磨床主轴上拆卸法兰盘时，应注意压紧螺母的旋转方向。为严格防止磨床主轴高速旋转时螺母自动松开，螺母的螺旋方向是这样规定的：逆着砂轮旋转方向转动螺母时，它就拧紧；顺着砂轮旋转方向转动螺母时，它就松开。因此，在拆卸砂轮时，只要将螺母顺着砂轮旋转方向拧就能顺利松开。

要将法兰盘从磨床主轴圆锥上拆下来，不能敲打法兰盘。在拆下压紧螺母后，必须将常用拆卸砂轮的扳头 1（见图 1–14）旋进法兰盘的螺纹孔中，再旋转螺钉 2，就能将法兰盘从主轴锥体上卸下。假如砂轮大，应事先在磨床上放好木头，以便放置拆下来的砂轮，避免砂轮碰到磨床零件上。

三、砂轮的平衡

砂轮的平衡程度是磨削的主要性能指标之一。砂轮的不平衡是指砂轮的质心与旋转中心不重合，即由不平衡质量偏离旋转中心所致。例如，不平衡量为 1 500 g· cm 的砂轮在转速达到 1 670 r/min 时，其惯性力可达 460 N。巨大的惯性力将迫使砂轮振动，使工件表面产生多角形的波纹，同时附加压力会加速主轴轴承磨损。当惯性力大于砂轮强度时，会引起砂轮爆裂。由上所述，砂轮的平衡是一项十分重要的工作。

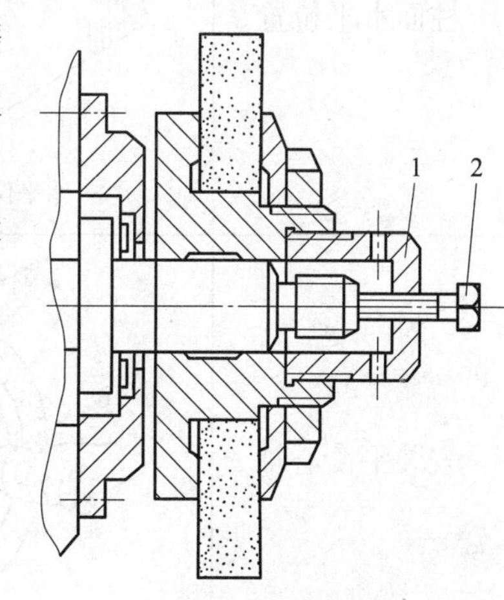

图 1–14　砂轮的拆卸

1—扳头　2—螺钉

砂轮的不平衡包括砂轮本身不平衡和砂轮安装所造成的不平衡。

1. 静平衡的工具

静平衡使用的工具有平衡架、水平仪、平衡心轴和平衡块等。平衡架有圆棒导柱式和圆盘式两种。水平仪由框架和水准器组成。玻璃制造的水准器内盛有液体，留有一个气泡，当测量面倾斜时，气泡偏于高的一侧。常用水平仪的读数精度为 0.02 mm/1 000 mm。平衡心轴由心轴、螺母和垫圈组成。心轴两端的等直径圆柱作为平衡时滚动的轴心。

2. 静平衡的步骤

一般新安装的砂轮必须进行两次静平衡。第一次平衡后，砂轮安装在机床上进行修整，由于砂轮的外形误差和安装误差，经修整后原先的平衡被破坏，必须进行第二次平衡。砂轮静平衡的步骤见表 1–10。

表 1–10　　砂轮静平衡的步骤

调整步骤	图示	调整方法
调整平衡架水平位置	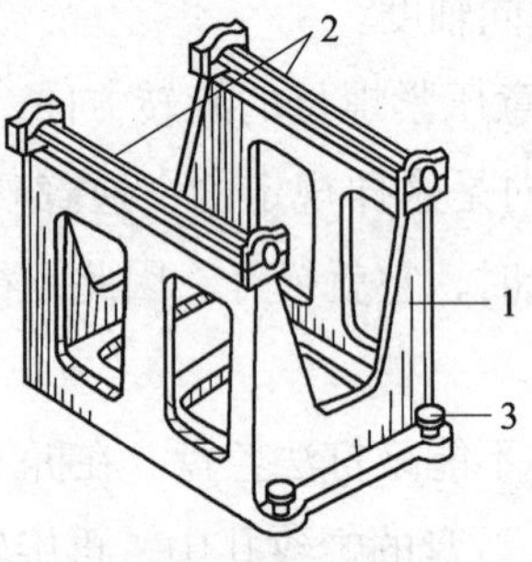 1—平衡架　2—平衡架导柱 3—螺钉	在平衡架导柱上安放两块厚度相同的平行垫铁；将水平仪垂直于导柱放在平板上，检查气泡所处的位置，气泡是向高处移动的，在气泡的相反处调整平衡架的螺钉，使水平仪气泡处于中间位置；再将水平仪平行于导柱安放在平板上，用同样的方法使水平仪气泡处于中间位置；用以上方法反复检查和调整，直至导柱在纵向和横向基本处于水平位置，一般允许误差在 0.02 mm/1 000 mm 以内
调整平衡架导柱面水平位置	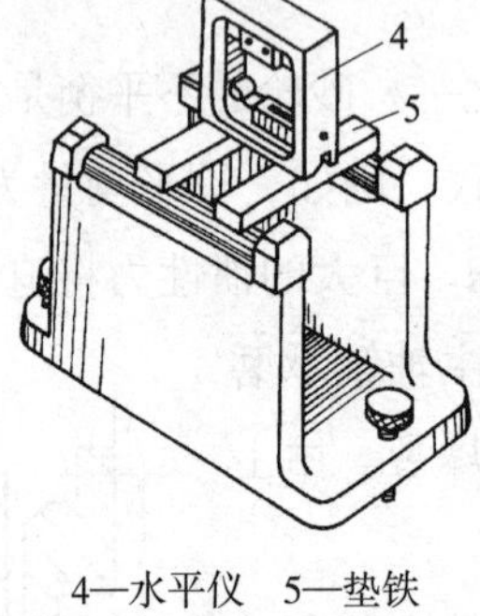 4—水平仪　5—垫铁	用水平仪调整平衡架导柱横向位置和纵向位置，使水平仪气泡偏移在一格以内
安装平衡心轴	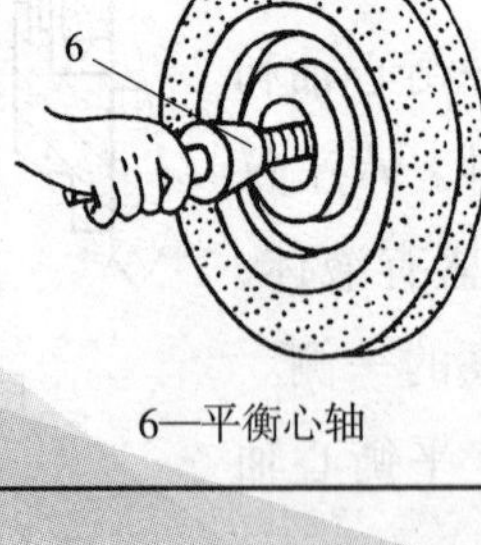 6—平衡心轴	安装平衡心轴，心轴的外圆锥面与砂轮法兰应有 80% 的接触面，并用螺母锁紧

续表

调整步骤	图示	调整方法
拆平衡块		拆下法兰盘上的全部平衡块，并清除环形槽内的污垢
找出不平衡位置	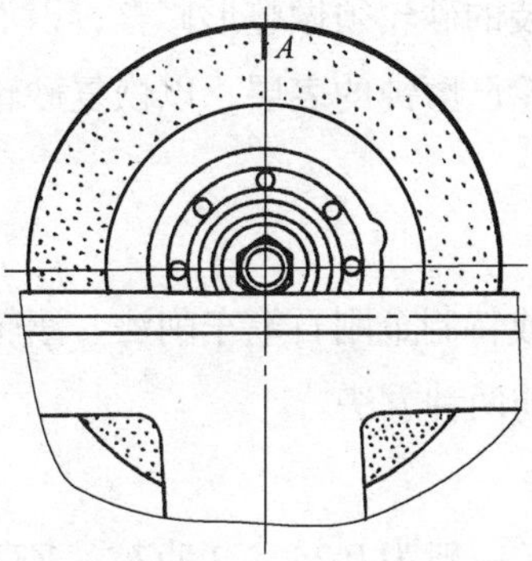 A	将平衡心轴连同砂轮放在平衡架上，使砂轮在平衡架导轨上缓慢滚动。若砂轮不平衡，会在轻、重连线的垂直方向来回摆动。当摆动停止时，砂轮较重部分必然在砂轮下方。此时，在砂轮上方A处做一记号
装平衡块	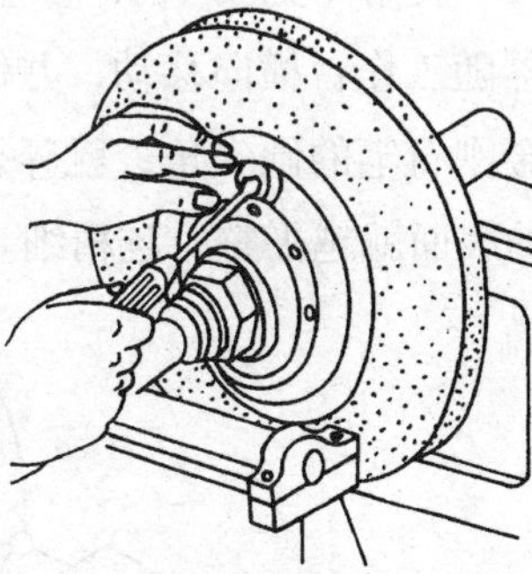	在砂轮较重的下方装上第一块平衡块，并使记号A仍在原位不变，然后在对称于记号A点的左右两侧装上另外两块平衡块，同样应保持A点位置不变
求各点的平衡	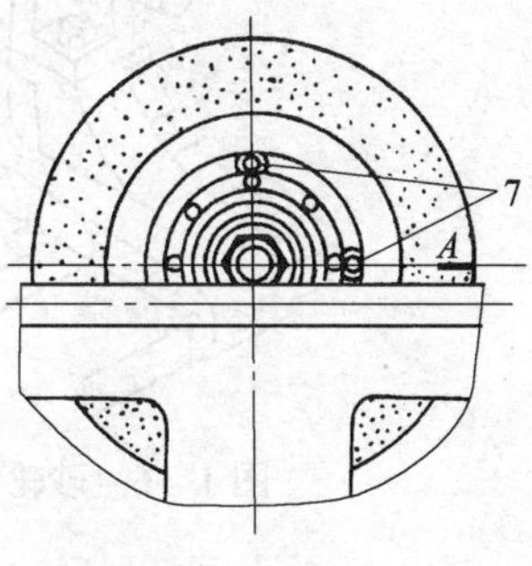 7 A 7—平衡块	将砂轮转90°，使A点处于水平位置，若不平衡，可移动平衡块。若A点较轻，将平衡块向A点靠拢；若A点较重，使平衡块离开A点。再将砂轮转180°，使A点处于水平位置。检查砂轮平衡状况，若不平衡，重新调试

3. 砂轮平衡练习

用精度为0.02 mm/1 000 mm的水平仪调整平衡架，要求气泡偏移不超过一格。

做砂轮静平衡，砂轮尺寸为ϕ400 mm×40 mm×ϕ207 mm，要求达8点平衡，时间为12 min。

四、砂轮的磨钝及修整

1. 修整砂轮的目的

砂轮在工作一段时间以后，其工作表面会钝化。若继续磨削，将加剧砂轮与工件表面间的摩擦，工件会产生烧伤或振动波纹，使磨削效率降低，也影响工件的表面粗糙度。因此，应选择适当的时间及时修整砂轮。

砂轮修整一般有两种情况：一是新安装的砂轮须做整形修整，以消除砂轮外形的误差对砂轮平衡的影响；二是修整工作过的砂轮已磨钝的表层，以恢复砂轮的切削性能和正确的几何形状，两者都是很重要的工作。

2. 修整砂轮的方法

修整砂轮常用单颗粒金刚石笔车削法或特制金刚石笔车削法、滚轮式割刀滚轧法和金刚石滚轮磨削法等。外圆砂轮的修整多用前两种方法。

（1）单颗粒金刚石笔车削法

单颗粒金刚石笔是将大颗粒的金刚石（一般为 0.25 ~ 1 克拉，1 克拉≈ 0.2 g）镶焊在特制刀杆上，金刚石的尖端研成 φ 为 70° ~ 80°尖角（见图 1–15）。金刚石笔刀杆固定在砂轮修整器上（见图 1–16），修整时，修整器随工作台横向移动，并做纵向进给运动；砂轮做旋转运动，类似于车削加工。磨粒碰到金刚石笔的硬尖角，就碎裂成为微粒。金刚石笔越尖，与砂轮的接触面积越小，砂轮被修的表面就越平整、越精细。

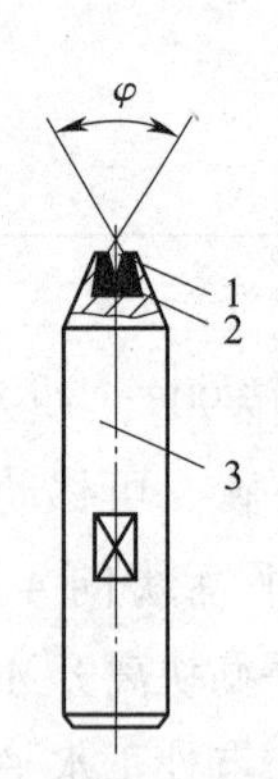

图 1–15　单颗粒金刚石笔
1—金刚石　2—焊料　3—刀柄

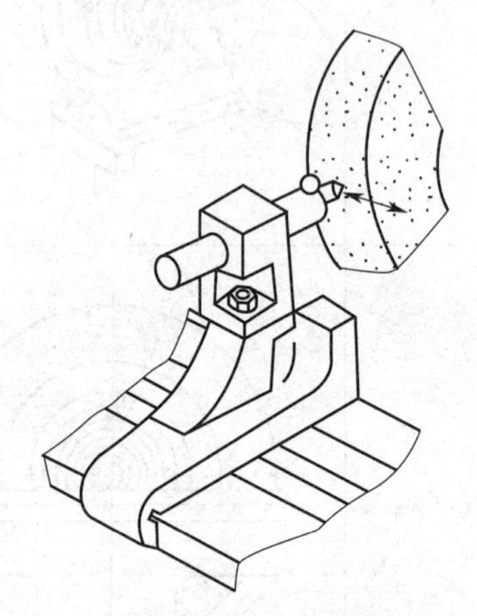
图 1–16　砂轮修整器

用单颗粒金刚石笔修整砂轮应注意下列事项：

1）应根据砂轮的直径选择金刚石颗粒的大小，砂轮直径越大，所选金刚石颗粒也越大。一般情况下，砂轮直径 D<100 mm，选 0.25 克拉的金刚石，D 为 300 ~ 400 mm 时，选 0.5 ~ 1 克拉的金刚石。

2）金刚石价格昂贵，使用时要检查焊接是否牢固，以防止脱落，修整时要充分冷却，

不能使切削液中断，以免金刚石碎裂。

3）金刚石笔安装要牢固。安装时，一般要低于砂轮中心 1 ~ 2 mm，笔的轴线向下倾斜 5° ~ 10°，以防金刚石笔振动或扎入砂轮（见图 1–17）。

4）应根据加工要求选择修整用量。粗磨时，可加大修整背吃刀量和纵向进给速度，以获得尖锐的切削刃；精磨时则相反（见图 1–18）。一般须做 2 ~ 3 次进给，然后在无背吃刀量的情况下，做一次纵向进给。

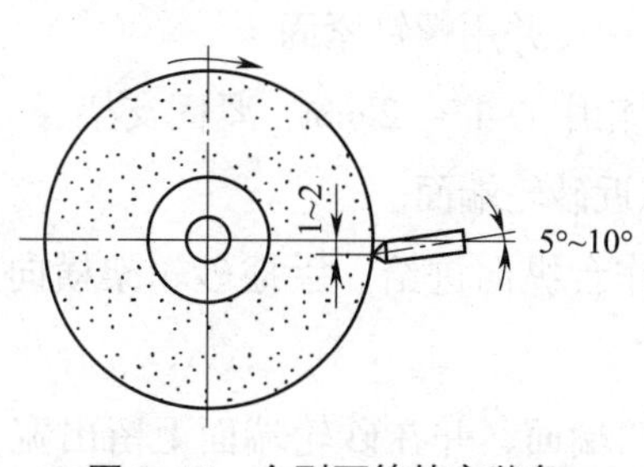

图 1–17　金刚石笔的安装角

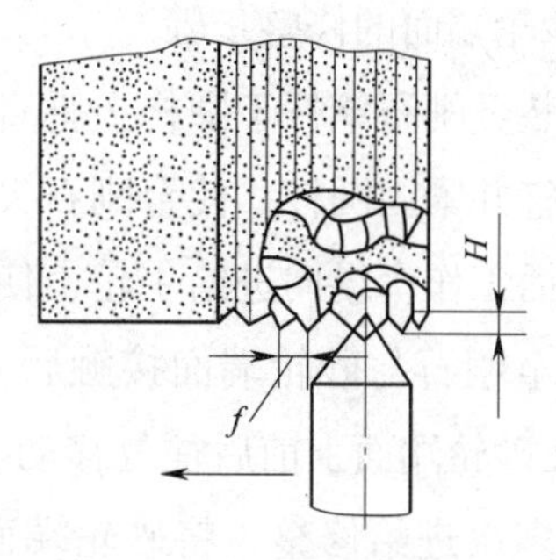

图 1–18　修整局部放大

（2）特制金刚石笔车削法

修整方法同单颗粒金刚石笔车削法，所不同的是特制金刚石笔由较小颗粒的金刚石或金刚石粉与结合力很强的合金结合压入金属杆制成。特制金刚石笔有三种，如图 1–19 所示。特制金刚石笔可在某些工序中代替单颗粒金刚石笔修整砂轮，其中图 1–19c 所示的粉状金刚石笔主要用于修整细粒度砂轮。

（3）滚轮式割刀滚轧法

滚轮式割刀的刀片是多片渗碳体淬火钢制成的金属齿盘，其形状为尖角形（见图 1–19d）。修整时，金属盘随砂轮高速转动，并对砂轮表面滚轧。这种方法只用于大型砂轮的整形粗修整。

（4）金刚石滚轮磨削法

金刚石滚轮是用电镀法、粉末冶金烧结法或人工栽植法将细颗粒金刚石均匀地固定在滚轮表层。金刚石滚轮由电动机带动，具有较高的修整精度，但由于价格昂贵，一般很少采用。

3. 砂轮修整的步骤

（1）砂轮圆周面的修整步骤

1）将砂轮修整器底座安装在工作台上并用螺钉或电磁吸盘紧固。

2）将金刚石笔杆紧固在圆杆的前端。

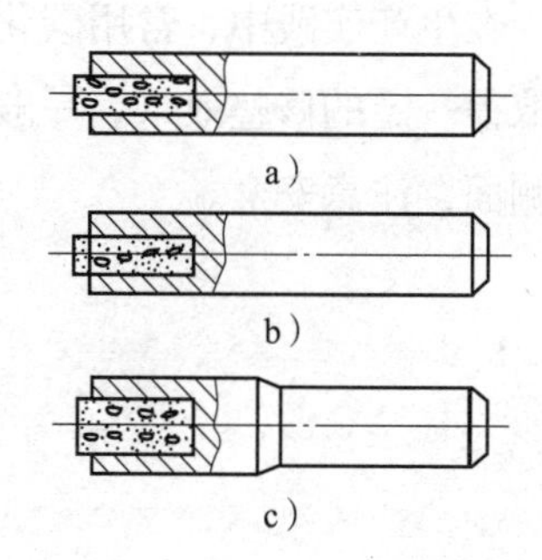

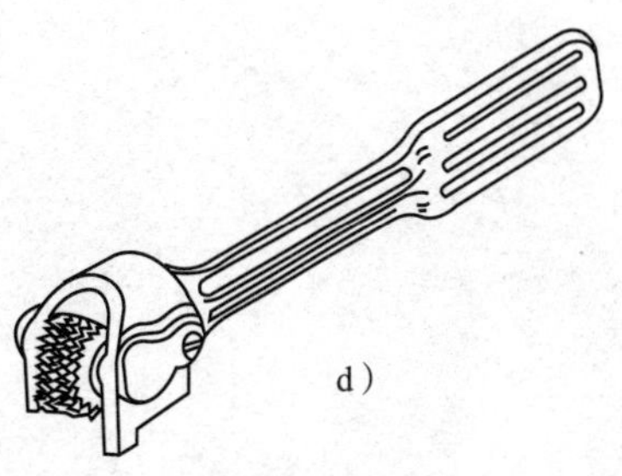

图 1–19　特制金刚石笔
a）层状金刚石笔　b）链状金刚石笔
c）粉状金刚石笔　d）滚轮式割刀

3）将圆杆固定在支架上。

4）启动砂轮和液压泵，快速引进砂轮。

5）调整并紧固工作台撞块。

6）使金刚石棱角对准砂轮，移动支架，使金刚石靠近砂轮。

7）砂轮做横向进给，并开启切削液泵和切削液喷嘴。

8）启动工作台液压纵向进给按钮。

（2）砂轮端面的修整步骤

1）安装金刚石笔杆于圆杆上垂直轴线的孔中，并用螺钉紧固。

2）调整并紧固圆杆，使金刚石尖端低于砂轮中心 1 ~ 2 mm，紧固支架。

3）手摇工作台纵向进给手轮，使金刚石靠近砂轮端面。

4）在金刚石与砂轮端面接触后，停止工作台纵向进给。手摇砂轮架横向进给手轮，使金刚石在砂轮端面上前后往复移动。

5）经多次进给修整，将砂轮端面修成内凹端面，并在砂轮端面上留出宽 3 mm 左右的环形窄边。修整时需将砂轮架逆时针方向旋转 1° ~ 2°。

（3）修整砂轮的注意事项

1）注意金刚石笔杆的刚性，以防止修整时金刚石发生振动。

2）金刚石的安装高度要低于砂轮中心 1 ~ 2 mm，以防止金刚石扎入砂轮。

3）修整时，一般先修整砂轮端面，然后再修整砂轮的圆周面。

4）修整时应注意充分的冷却。

在生产实践中，常用碳化硅碎砂轮块来修整刚玉砂轮。由于碳化硅硬度高于刚玉，故可取得一定的修整效果。一般用于粗修整和砂轮端面的修整。修整时，操作者要站在砂轮的侧面，注意安全。

第二单元

外 圆 磨 削

课题一 认识 M1432A 型万能外圆磨床

一、M1432A 型万能外圆磨床概述

M1432A 型万能外圆磨床可以用来加工内、外圆柱面和圆锥面以及台阶端面等，加工后可达到公差等级 IT6 ~ IT5，表面粗糙度值 Ra 为 0.4 ~ 0.2 μm。这种机床的中心距有 1 000 mm 和 1 500 mm 两种，可根据加工需要进行选用。

二、主要部件结构

M1432A 型万能外圆磨床由床身、工作台、头架、尾架、砂轮架以及内圆磨具等部件组成。如图 2–1 所示为 M1432A 型万能外圆磨床操纵图。该机床操纵件的名称和功用见表 2–1。

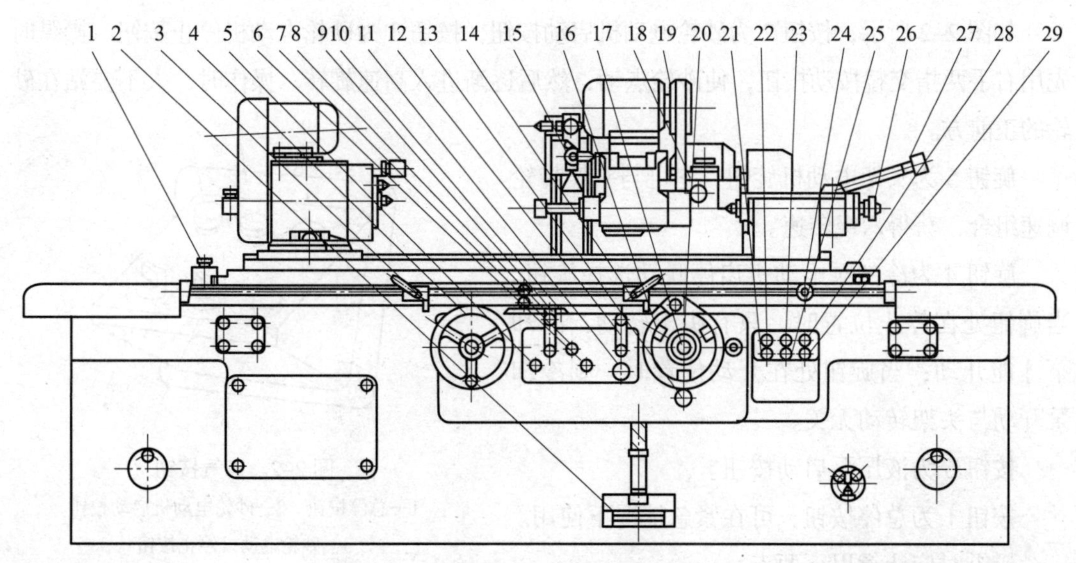

图 2–1 M1432A 型万能外圆磨床操纵图

表 2–1　　　　　　　　　　　　　操纵件名称和功用

编号	操纵件的名称与功用	编号	操纵件的名称与功用
1	工作台液压缸放气旋钮	16	砂轮横向进给手轮
2	脚踏操纵板，操纵尾座套筒缩进	17	砂轮补偿用旋钮
3	工作台换向左撞块	18	内圆磨架翻上、安全保险插销拉杆
4	工作台纵向移动手轮	19	砂轮横向进给手轮定位撞块（在电动机后方）
5	工作台换向左停留时间调整旋钮	20	周期进给量调整旋钮
6	工作台换向右停留时间调整旋钮	21	总停按钮
7	工作台启停手柄	22	液压泵启动按钮
8	工作台换向杆	23	砂轮电动机启动按钮
9	工作台速度调整旋钮	24	调整工作台回转角度旋钮
10	头架双速电动机按钮	25	头架电动机旋钮
11	周期进给方式选择旋钮（左进、右进、双进、无进给）	26	尾座顶紧工件力调整手轮
12	砂轮快速进退手柄	27	尾座顶尖套筒缩进手柄
13	砂轮横向进给（粗、细选择）拉杆	28	砂轮电动机停止按钮
14	工作台换向右撞块	29	冷却泵电动机启停联动选择旋钮
15	切削液启停手柄		

三、外圆磨床的操纵

1. 电气按钮的操纵

如图 2–2 所示，按钮 2 为砂轮电动机启动按钮，按钮 3 为砂轮电动机停止按钮。操纵时先用右手两指交替按动按钮，使砂轮点动，然后逐渐进入高速旋转。操作时，人不要站在砂轮的正前方。

旋钮 5 为头架电动机旋钮，它可与头架带轮调速组合，获得六级转速。

旋钮 4 为冷却泵电动机启停联动选择旋钮。当旋钮处在停止位置时，只有头架转动，冷却泵才能开动；当旋钮处在开动位置时，则冷却泵开动与头架转动无关。

按钮 6 为液压泵启动按钮。

按钮 1 为总停按钮，可在紧急情况下使用。

操纵时应注意以下两点。

（1）要熟悉各旋钮的位置。

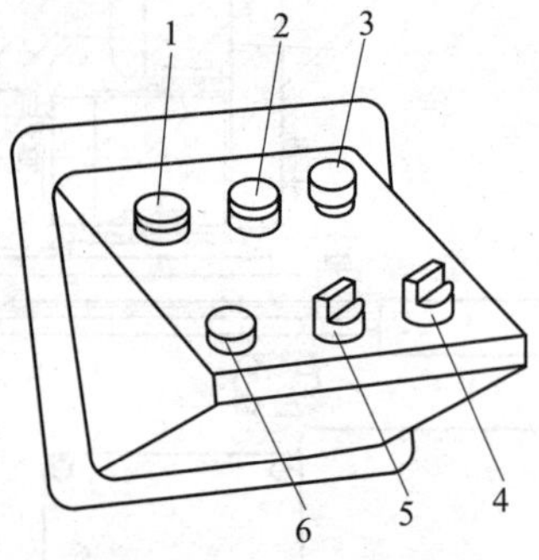

图 2–2　电气按钮

1—总停按钮　2—砂轮电动机启动按钮
3—砂轮电动机停止按钮
4—冷却泵电动机启停联动选择旋钮
5—头架电动机旋钮　6—液压泵启动按钮

（2）砂轮点动时手指要自然用力，启动后需经 2 min 空运转才能磨削。

2. 工作台纵向往复运动的操纵

（1）工作台的手动操纵如图 2–3 所示，用左手握住手柄转动手轮，操纵时手臂要用力均匀，使工作台慢速移动。

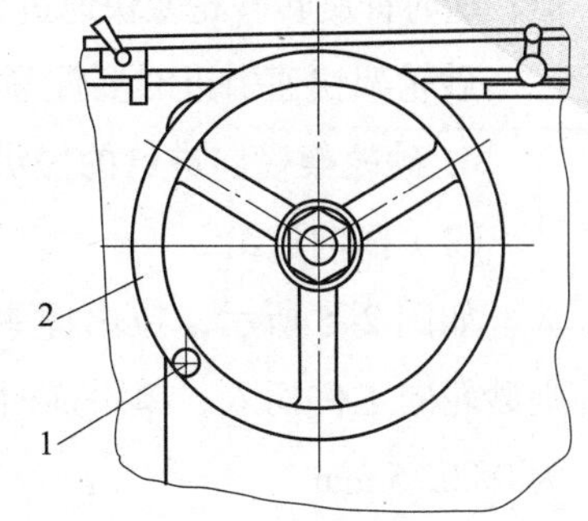

图 2–3　工作台的手动操纵

1—手柄　2—手轮

（2）图 2–4 所示为液压传动的操纵箱和放气阀旋钮，工作台液压传动操作步骤如下。

1）调节并紧固撞块。

2）按液压泵启动按钮 6（见图 2–2），启动液压泵。

3）顺时针方向转动工作台启停手柄 1 至启动位置（见图 2–4a）。

4）顺时针方向转动工作台速度调整旋钮 2 使工作台至最高速度（见图 2–4a）。

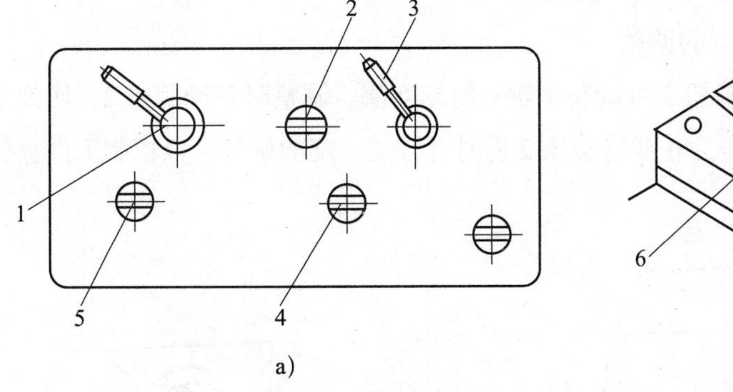

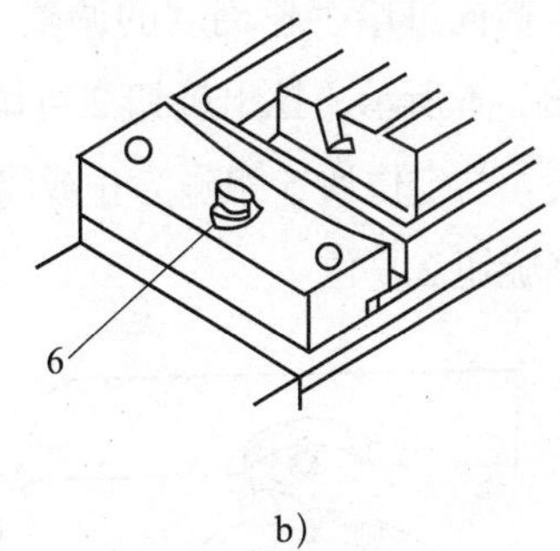

图 2–4　液压传动的操纵箱和放气阀旋钮

a）液压操纵箱　b）放气阀旋钮

1—工作台启停手柄　2—工作台速度调整旋钮　3—砂轮快速进退手柄

4、5—工作台换向停留时间调整旋钮　6—放气阀旋钮

5）开启放气阀旋钮 6，排除工作缸内的空气（见图 2–4b）。

6）待工作台纵向往复运动 2 ~ 3 次后，即关闭放气阀。

7）重新调节工作台速度调整旋钮 2，使工作台至所需速度。

8）微调撞块。

9）调节工作台换向停留时间调整旋钮 4、5（见图 2–4a），使工作台右停或左停，并调节工作台停留时间。

10）逆时针方向转动工作台启停手柄 1 至停止位置（见图 2–4a），使工作台停止运动。

（3）操纵时应注意的事项

1）手动操纵时手臂动作要自然。

2）操纵时要仔细调整并紧固撞块，防止发生砂轮与头架、尾座等部件撞击的事故。

3）熟悉各手柄、旋钮的位置。

3. 砂轮架快速进退的操纵

在启动液压泵后，顺时针方向转动砂轮架快速进退手柄 3（见图 2–4a），砂轮架快速后退；逆时针旋转砂轮架快速进退手柄 3，则砂轮架快速引进。砂轮架快速进退行程为 50 mm。

砂轮架快速引进时要注意安全，要防止砂轮与机床部件或工件相撞击。

4. 砂轮架横向进给的操纵

（1）横向进给

如图 2–5 所示，拉出捏手 2 即可横向细进给。用双手顺时针方向周期性转动手轮 1，则砂轮向工件切入；单手逆时针转动手轮 1，则砂轮退刀。手轮的每格刻度相当于进给量为 0.002 5 mm。

（2）砂轮横向位置的调整

如图 2–5 所示，推进捏手 2，为砂轮的横向粗进给。可按工件直径大小调整砂轮的横向位置，手轮每转一周，砂轮架横向移动 2 mm。

（3）横向进给手轮刻度的调整

如图 2–6 所示，拉出旋钮 2 可调整手轮 1 的刻度值。调整时转动旋钮 2，使刻度盘 3 转至其撞块 4 与定位块 5 相碰为止或将旋钮 2 逆时针转动一定的格数，以控制工件直径，调整完毕，将旋钮 2 复位。

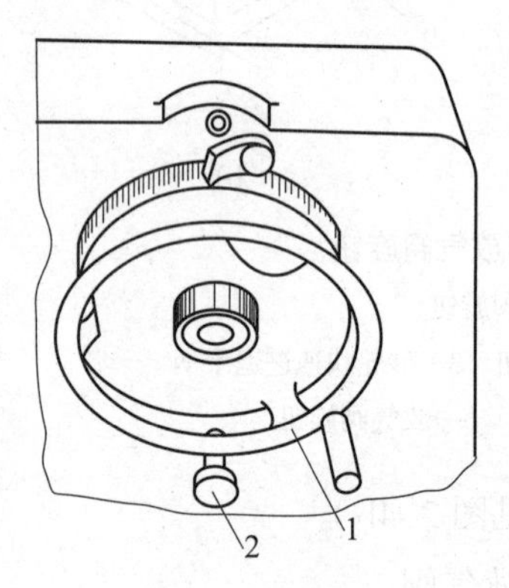

图 2–5　横向进给

1—手轮　2—捏手

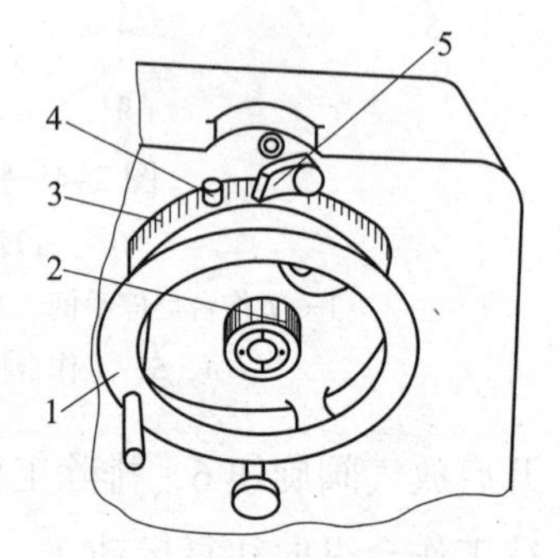

图 2–6　手轮刻度的调整

1—手轮　2—旋钮　3—刻度盘　4—撞块　5—定位块

（4）操纵时应注意的事项

1）注意操纵顺序并熟悉手柄位置。只有在砂轮架液压快速进退操纵手柄处于快进位置时，才可进行砂轮横向进给操纵。

2）横向进给量可按磨削要求确定。

5. 液压尾座的操纵

启动液压泵后，可脚踏操纵板 1（见图 2–7），使尾座套筒退回；脚离开操纵板，尾座套筒伸出，顶尖顶住工件。

操纵时要习惯在砂轮架快速退出后，头架主轴停止旋转时，操纵液压尾座装卸工件。

四、外圆磨床的调整

1. 头架的调整

（1）调整零位和纵向位置

如图 2–8 所示，一般情况下头架应调整至零位，使两个挡销 4 接触，并将螺母 3 紧固。按加工需要可放松螺母 3，使头架逆时针回转 0° ~ 90°之间的任意角。头架底座 2 由螺钉 1 固定在工作台的左端，也可放松螺钉 1 移动头架，调整头架相对于尾座的纵向位置。

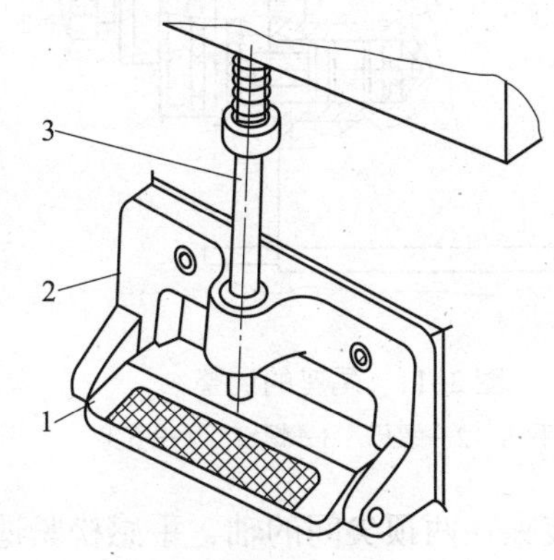

图 2–7　脚踏操纵机构

1—操纵板　2—支架　3—杠杆

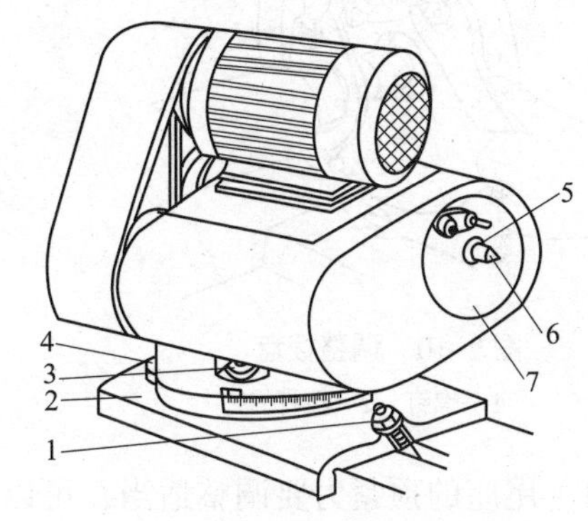

图 2–8　头架的调整

1—螺钉　2—底座　3—螺母　4—挡销　5—主轴　6—顶尖　7—拨盘

（2）调整转速

如图 2–9 所示，拆卸罩壳后，更换传动带 1 在三级塔形带轮 2、3 中的位置，即可获得三级转速。

（3）锁紧主轴

用两顶尖装夹工件时，主轴必须固定不动，为此可拧紧螺钉 4（见图 2–9）。

（4）顶尖的装拆

安装时，应擦净主轴锥孔和顶尖表面，然后用力将顶尖推入主轴锥孔中。拆卸时，一手握住顶尖，一手将铁棒插入主轴后端孔中，用力冲击顶尖尾部。

（5）调整拨盘

如图 2–10 所示，放松螺钉 1，即可调整拨杆 2 的圆周位置，调整完毕应锁紧螺钉 1。

（6）调整时应注意的事项

1）移动头架时应擦净工作台台面并涂润滑油，且移动时要用力适当。

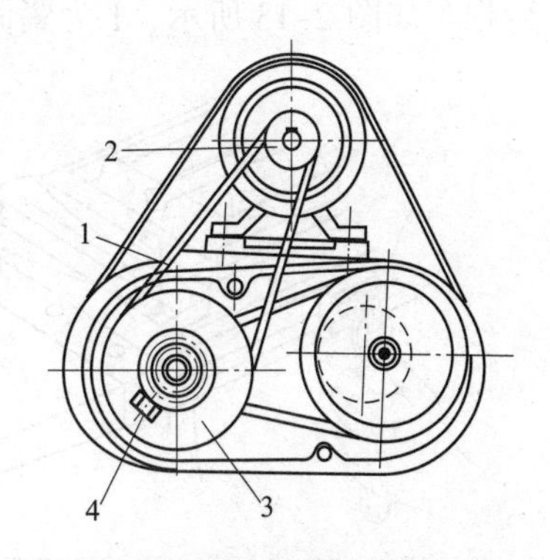

图 2–9　调整转速与锁紧主轴

1—传动带　2、3—塔形带轮　4—螺钉

2）拆卸顶尖时要防止顶尖从手中脱落，损伤工作台台面或损坏顶尖。

2. 尾座的调整

如图 2–11 所示，放松螺钉 3 可调整尾座的纵向位置。移动尾座时应擦净工作台台面并涂润滑油。转动螺母 2，可微调顶尖 4 的顶紧力，顺时针旋转，顶紧力增大；逆时针旋转则顶紧力减小。扳动手柄 1 可将套筒退回。调整时应注意以下两点。

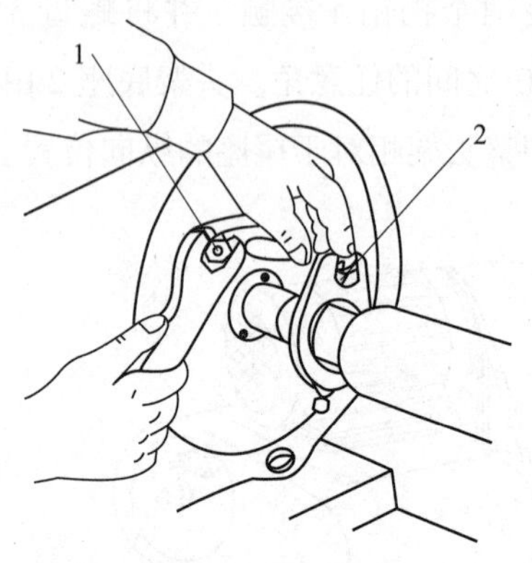

图 2–10 调整拨盘

1—螺钉 2—拨杆

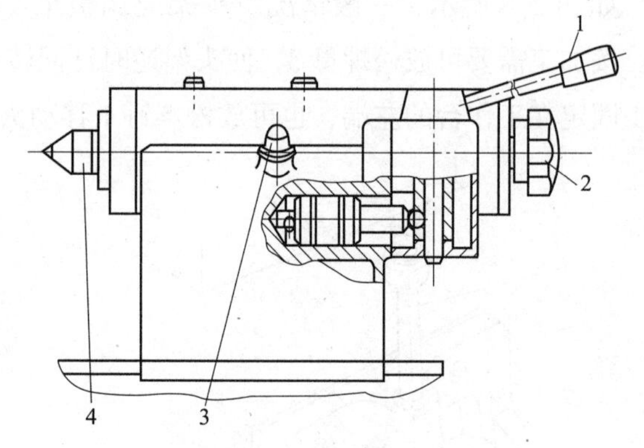

图 2–11 尾座的调整

1—手柄 2—螺母 3—螺钉 4—顶尖

（1）尾座的顶紧力要调整适当，可以用手转动装夹在两顶尖间的轴，手感松紧适宜即可（即感觉到顶尖是顶着工件，但顶紧力不大）。

（2）当顶紧力相差较大时，则需重新移动尾座位置，然后再做微调。

3. 工作台及撞块的调整

（1）工作台的调整

上工作台可相对于下工作台回转。如图 2–12 所示，转动螺杆 1 可调整工作台的零位，调整后锁紧螺钉 2。

（2）撞块的调整

在下工作台前侧的 T 形槽内装有两块行程撞块，调整撞块的位置，即可控制工作台的行程。如图 2–13 所示，1 为紧固扳手，螺钉 2 可微调工作台行程，调整后用螺母 3 锁紧。

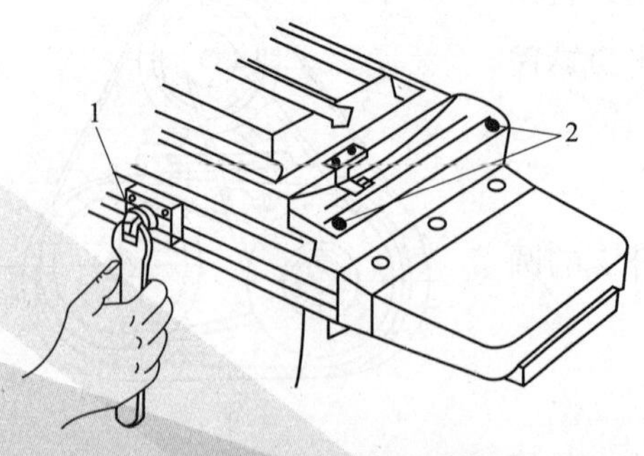

图 2–12 工作台的调整

1—螺杆 2—螺钉

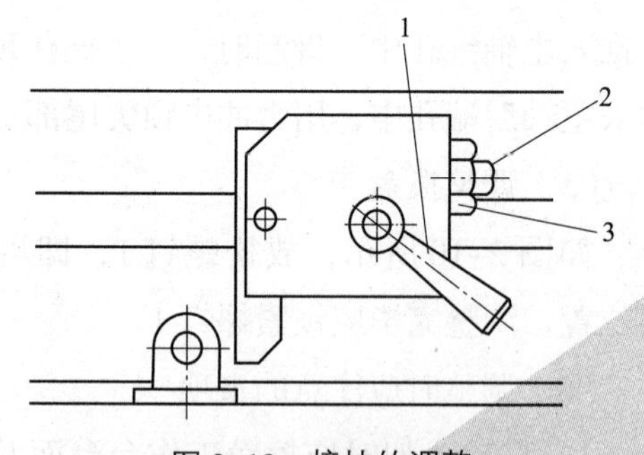

图 2–13 撞块的调整

1—紧固扳手 2—螺钉 3—螺母

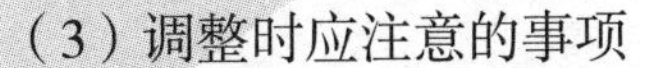

（3）调整时应注意的事项

1）注意工作台调节螺杆的旋转方向。M1432A 型万能外圆磨床的调节螺杆按顺时针转动时，上工作台也按顺时针转动。

2）调整结束后要锁紧紧固扳手。

4. 切削液系统的调整

如图 2–14 所示为冷却系统，它主要由管道、沉淀盒、冷却泵、水箱、喷嘴等组成。

要定期更换切削液和清理水箱，要防止棉纱等杂物堵塞管道。

常用的切削液为乳化液，可用体积分数为 5%的乳化油和体积分数为 95%的水配制而成。

调整切削液喷嘴的位置和开口量，使切削液直接浇注在砂轮和工件接触的部位。切削液应充足并均匀地喷射到整个磨削宽度上，以防止工件表面烧伤和变形。如图 2–15 所示为切削液喷嘴调整不妥的示例。

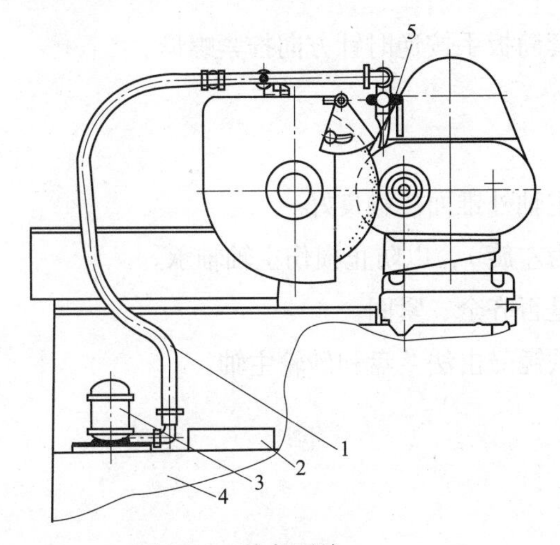

图 2–14　冷却系统

1—管道　2—沉淀盒　3—冷却泵　4—水箱　5—喷嘴

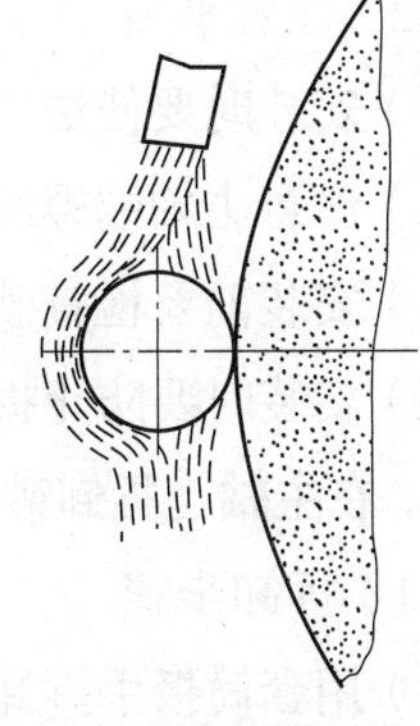

图 2–15　切削液喷嘴调整不妥的示例

调整时应注意以下几点。

（1）天冷时，可先用少量温水将乳化油溶化，然后再配制。

（2）乳化液容量需保证水箱一定的液面高度。

（3）配制时要防止浓度过高或过低。在高温季节，可适当提高乳化液的浓度，以防止工件和机床生锈。

五、砂轮的安装与拆卸

1. 砂轮在主轴上安装

（1）安装步骤

1）打开砂轮罩壳盖（见图 2–16）。

2）清理罩壳内壁。

3）擦净砂轮主轴外锥面及法兰盘内锥孔表面。

4）将砂轮套在主轴锥体上，并使法兰盘内锥孔与砂轮主轴外锥面配合，如图 2–17 所示。

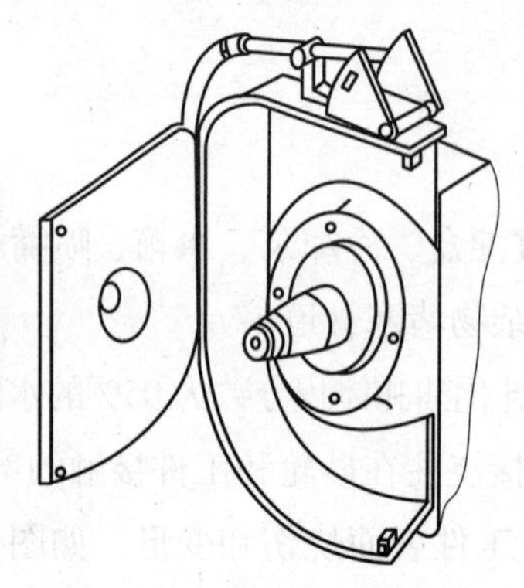

图 2–16　打开砂轮罩壳盖

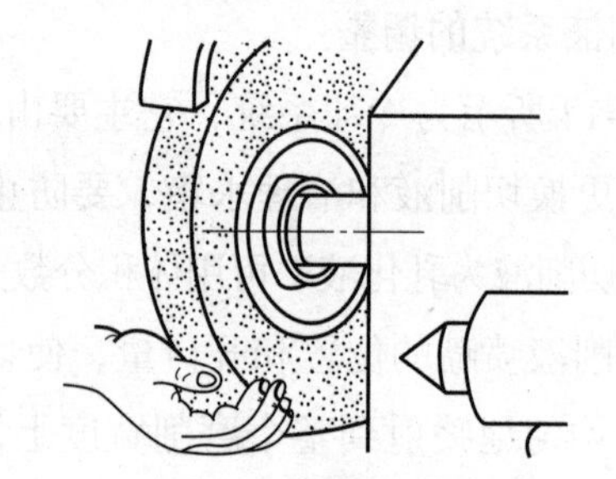

图 2–17　将砂轮套在主轴锥体上

5）放上垫圈，拧上左旋螺母，并用套筒扳手按逆时针方向拧紧螺母。

6）合上砂轮罩壳盖。

（2）注意事项

1）安装时要使法兰盘内锥孔与砂轮主轴外锥面接触良好。

2）注意主轴端螺纹的旋向（该螺纹为左旋），以防止损伤主轴轴承。

3）安装前要检查砂轮法兰的平衡块是否齐全、紧固。

4）安装时要防止损伤砂轮，不能用铁锤敲击法兰盘和砂轮主轴。

2. 在主轴上拆卸砂轮

（1）拆卸步骤

1）用套筒扳手拆卸螺母。

2）按顺时针方向旋转拨头，将砂轮从主轴上拆下（见图 2–18）。

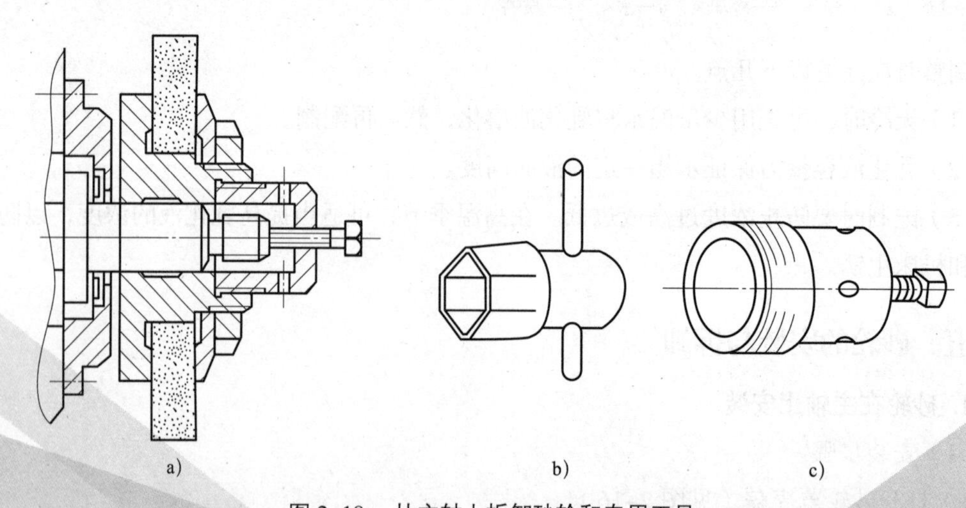

图 2–18　从主轴上拆卸砂轮和专用工具

a）从主轴上拆卸砂轮　b）套筒扳手　c）拨头

（2）注意事项

1）由于砂轮主轴与法兰盘是锥面配合，具有一定的自锁性，拆卸时可使用专用工具，以方便地将砂轮拉出。

2）要注意安全操作，防止损坏磨床主轴和砂轮。一般须两人配合操作，为防止砂轮掉落，可先在磨床上放好木块支承。

课题二　外圆的纵向磨削

一、工件的装夹

在外圆磨床上磨削工件时须十分重视工件的装夹。工件的装夹包括定位和夹紧两部分。工件定位是否正确，夹紧是否牢固，会影响加工精度和操作安全。工件一般用顶尖装夹，有时也用夹头或卡盘装夹，有内孔的则用专用心轴装夹。

1. 工件在两顶尖间的装夹

用两顶尖装夹工件是一种常用的装夹方法（见图 2–19），工件两端中心孔的锥面分别支承在两顶尖（5 和 8）的锥面上，形成工件外圆的轴线定位，夹紧来自尾座顶尖 8 的顶紧力，头架 1 上的拨盘 2 和拨杆 3 带动夹头 4 和工件 7 旋转。磨床采用的顶尖都是固定在头架和尾座的锥孔内的，是不旋转的。因此只要工件中心孔和顶尖的形状、位置正确，装夹合理，就可以使工件的旋转轴线始终固定不变，从而获得很高的圆度和同轴度。

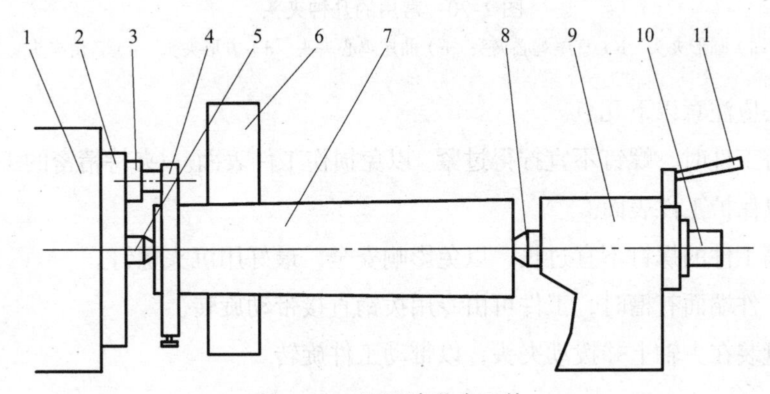

图 2–19　两顶尖装夹工件

1—头架　2—拨盘　3—拨杆　4—夹头　5—头架顶尖　6—砂轮　7—工件
8—尾座顶尖　9—尾座　10—工件顶紧压力调节捏手　11—扳动手柄

两顶尖装夹工件的特点是定位精度高，装卸工件方便、迅速。

2. 夹头

常用的几种夹头如图 2–20 所示，夹头起带动工件旋转的作用。其中，圆形夹头（见

图 2–20a）、直尾鸡心夹头（见图 2–20b）和曲尾鸡心夹头（见图 2–20c）都是用一个螺钉直接装夹工件，使用方便，制造简单，但夹紧力小，适用于中、小型工件的装夹。方形夹头（见图 2–20d）用两个螺钉对合夹紧，夹紧力大，用于较大工件的装夹。如图 2–20e 所示为自夹夹头，夹头由偏心杆自动夹紧。当工件端面有槽时，工件可由专用拨销直接传动。

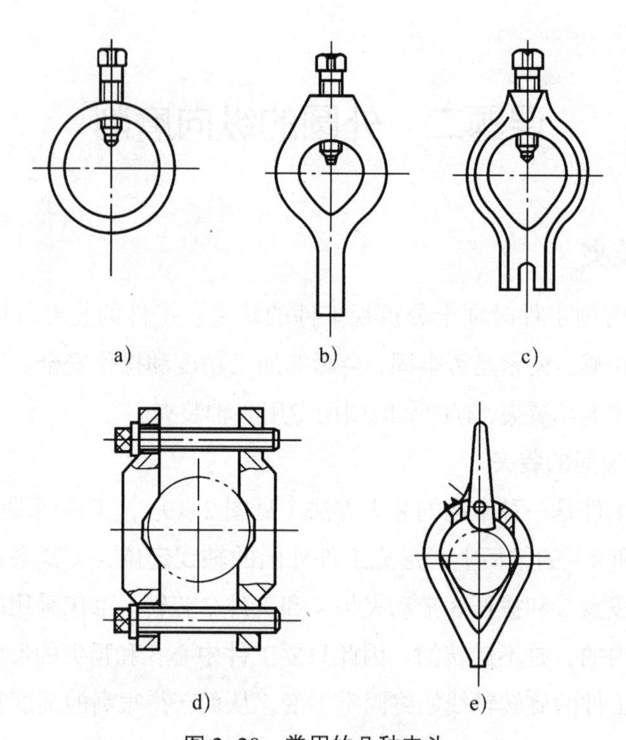

图 2–20　常用的几种夹头

a）圆形夹头　b）直尾鸡心夹头　c）曲尾鸡心夹头　d）方形夹头　e）自由夹头

使用夹头应注意以下几点。

（1）夹持工件时，螺钉不宜拧得过紧，以免损伤工件表面。夹持精密的工件表面时应衬垫铜片，以保护工件表面。

（2）紧固工件的螺钉不宜过长，以免影响安全，最好用沉头螺钉。

（3）当工件端面有槽时，工件可由专用拨销直接带动旋转。

（4）拨盘装在主轴上并拨动夹头，以带动工件旋转。

3. 顶尖

（1）顶尖的作用

顶尖用来装夹工件，确定工件的回转轴线，承受工件的重力和磨削时的磨削力。

（2）顶尖的结构和种类

顶尖由头部、颈部、柄部组成。顶尖的头部为 60° 圆锥体，与工件中心孔相配合，用来定位和支承工件。颈部为过渡圆柱。柄部为莫氏圆锥，与头架主轴孔或尾座套筒锥孔相

配合，固定在头架或尾座上。顶尖的尺寸用莫氏锥度表示，如莫氏 N0.4 顶尖等。顶尖是通用夹具，广泛应用于外圆磨削中。

不同情况可以使用不同的顶尖。在磨削直径较小的工件时可以使用半顶尖（见图 2–21b），顶尖的缺口部分可使砂轮越出工件端面，有时也可用长颈顶尖（见图 2–21e）。磨削顶尖时则可使用反顶尖，如图 2–21c 所示。大头顶尖用于大中心孔或大孔壁的工件，如图 2–21d 所示。

近年来，在精密磨削中已广泛采用硬质合金顶尖，如图 2–21f 所示。硬质合金压入顶尖体后，用铜焊接。硬质合金的硬度很高，耐磨性好，有很高的定心精度，但硬质合金呈脆性，使用时要注意保养，有裂纹的硬质合金顶尖不能使用。

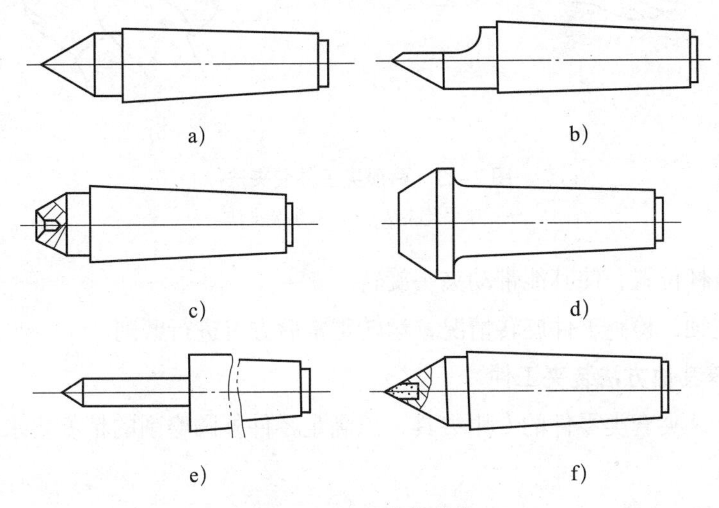

图 2–21　顶尖的种类

a）普通顶尖　b）半顶尖　c）反顶尖　d）大头顶尖　e）长颈顶尖　f）硬质合金顶尖

4. 用两顶尖装夹工件的步骤

（1）根据工件中心孔的形状和尺寸选择合适的顶尖，并把顶尖安装在头架和尾座的圆锥孔内，检查两顶尖是否对正。

（2）根据工件的长度调整头架与尾座的距离（见图 2–22）并加以紧固，同时要检查尾座的顶紧力，转动工件顶紧压力调节捏手，使工件的顶紧力松紧适度。

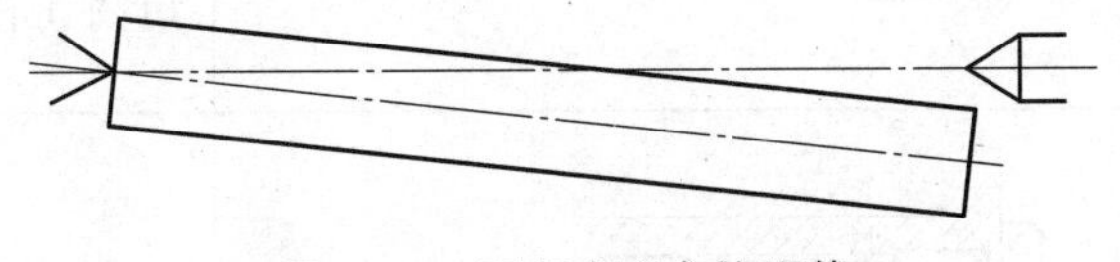

图 2–22　两顶尖距离的调整

（3）夹头主要起传动作用。磨削时，将夹头套在工件的一端，用螺钉直接顶紧或间接装夹工件，并由拨盘带动工件旋转。

（4）用干净的棉纱擦净工件的中心孔，并注入润滑油或润滑脂。

（5）左手托住工件（或双手握住工件），将工件有夹头的一端中心孔支承在头架顶尖上。

（6）用手扳动手柄使尾座顶尖收缩，将工件右端靠近顶尖，放松扳动手柄，使尾座顶尖逐渐伸出，将尾座顶尖慢慢引入中心孔内顶紧工件，当双手握住工件时，则脚踏尾座操纵板，使尾座顶尖回缩，待对准后放松尾座操纵板即可（见图 2–23）。

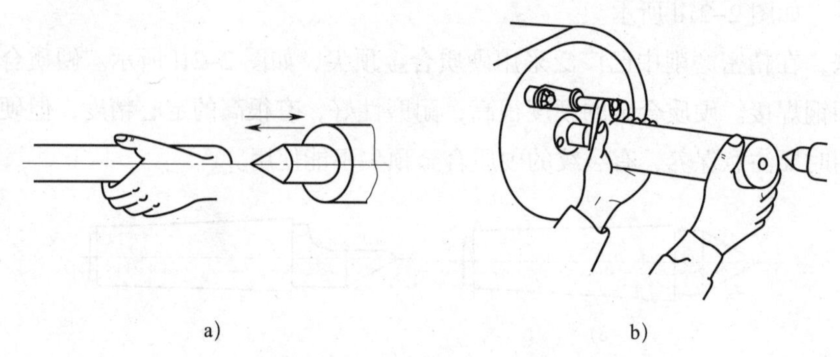

图 2–23　两顶尖工件装夹法

a）单手装夹法　b）双手装夹法

（7）调整拨杆位置，使其能带动夹头旋转。

（8）点动主轴，检查工件旋转情况，运转正常后方可进行磨削。

5. 用心轴等其他方法装夹工件

心轴是用于装夹套类零件的专用夹具，以满足零件外圆磨削的精度要求。心轴的种类及特点见表 2–2。

表 2–2　心轴的种类及特点

种类	图示	特点
圆柱心轴		由于定位配合间隙的影响，会使工件的中心偏移，故减小定位间隙可提高定位精度。通常用心轴和螺母将工件夹紧
弹簧套心轴		利用弹簧套的弹性变形使工件自动定心和夹紧，有较高的定位精度

续表

种类	图示	特点
微锥心轴	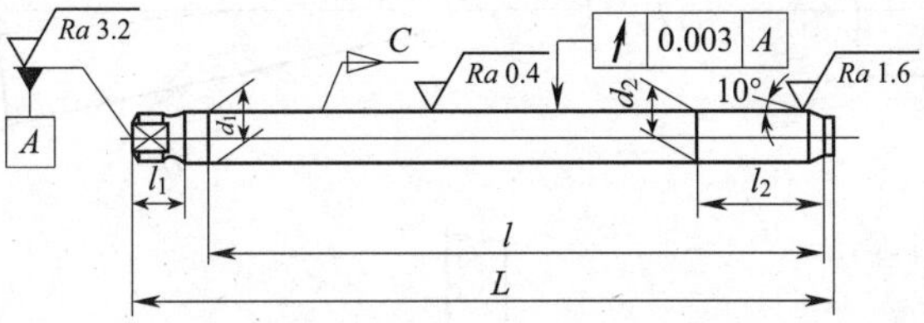	心轴制成极小的锥度 C，由于心轴锥面与孔壁间有很大的接触面，故使工件的中心轴线几乎与心轴的轴线重合，可以获得很高的加工精度，同轴度公差可达到 0.005 mm
圆锥心轴	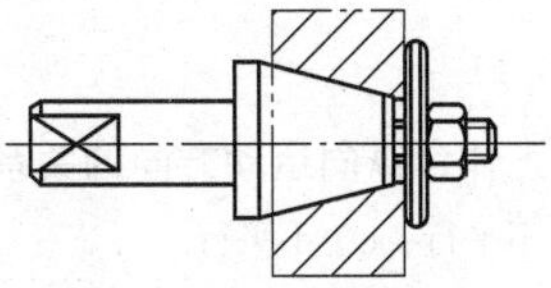	工件以圆锥孔为定位基准面
顶尖式心轴	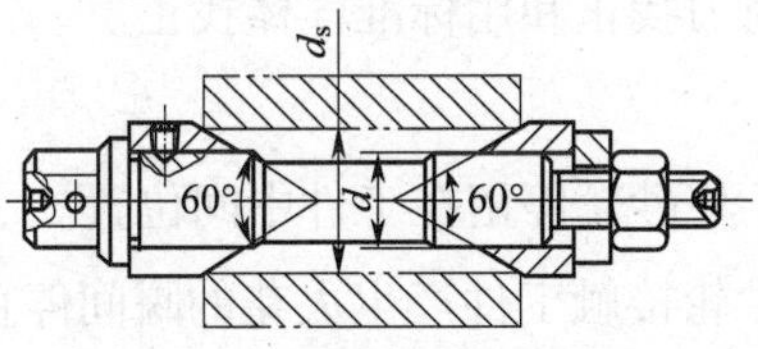	其中一端的顶尖套可拆卸，以便装夹工件。工件的定位基准为代替中心孔的孔口 60°圆锥角
液性塑料心轴	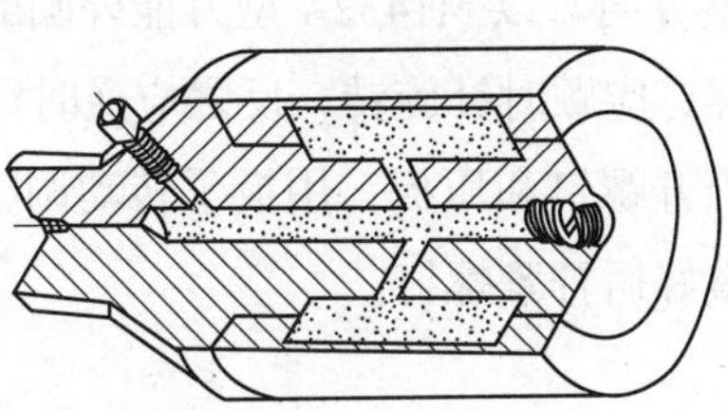	其结构复杂，转动螺钉推动活塞使密封容积中的介质（液性塑料）产生高压并使薄壁套产生弹性变形，从而使工件自动定心和夹紧，定位精度高，同轴度公差可达到 0.005 mm

有时需要用其他方法来装夹工件，如利用三爪自定心卡盘装夹没有中心孔的圆柱形工件，利用四爪单动卡盘装夹没有中心孔或外形不规则的工件。

二、磨床工作台的调整

在磨削外圆柱面时，为了保证工件不产生圆柱度误差，首先要找正工作台的正确位置。在加工中调整上工作台，保证工件的回转轴线与工作台纵向运动方向平行。因为圆柱体的素线与轴线是相互平行的，如图 2-24a 所示，在磨削外圆柱面时，必须使工件的回转轴线 x–x 与工作台纵向运动方向 F–F 平行，以保证工件的圆柱度公差，若磨削时工件的回转轴线与工作台纵向运动方向不平行，则会产生圆柱度误差，如图 2-24b、图 2-24c 所示。

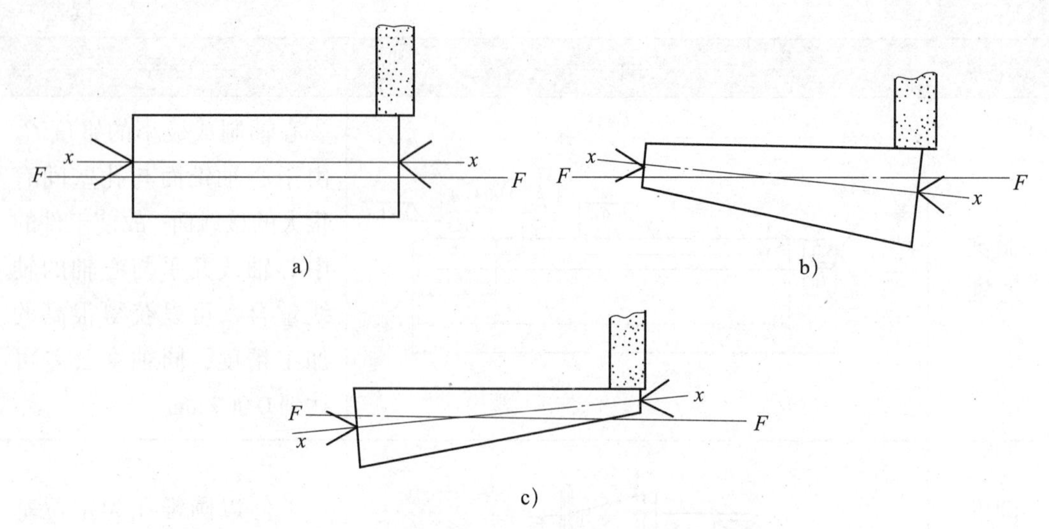

图 2–24　工件轴线与工作台纵向运动方向的关系

a）平行　b）不平行　c）不平行

常用的调整方法有目测法找正、对刀找正和用标准样棒找正。

1. 目测法找正

（1）工件装夹好后，移动工作台，使砂轮停留在工件中间位置。

（2）砂轮架缓慢做横向进给，在砂轮接触工件产生火花的瞬间停止横向进给，同时观察火花在砂轮宽度内的疏密程度。

（3）根据火花疏密的情况确定调整方向。以 M1432A 型万能外圆磨床为例，如果砂轮右端（即靠近尾座端）火花大，调整螺钉应顺时针旋转，反之应逆时针旋转。

（4）调整时，将砂轮退离工件，松开螺钉和压板，用扳手转动调整螺杆，使上工作台相对下工作台转动（见图 2–25），调整好后拧紧螺钉。

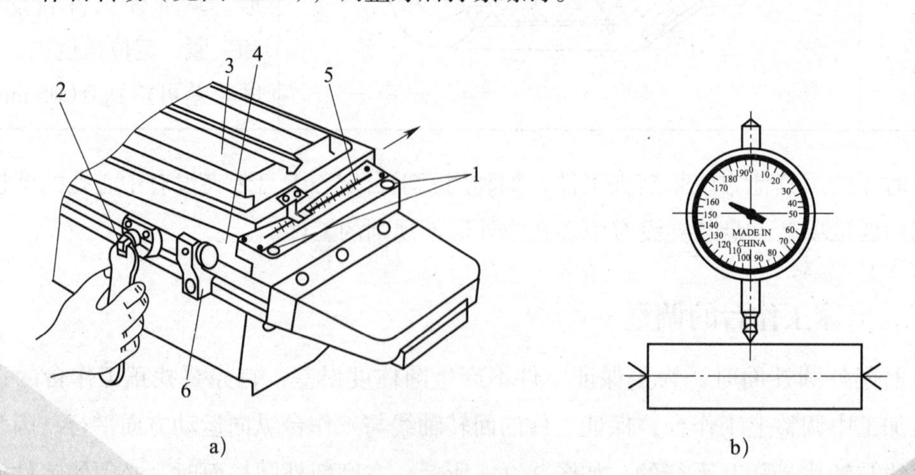

图 2–25　磨床工作台的调整

a）调整方法　b）用百分表及样棒调整工作台

1—螺钉　2—螺杆　3—上工作台　4—下工作台　5—刻度板　6—支座

（5）启动工件，将已磨削的那段外圆摇离砂轮，磨削另一段外圆，继续观察，以相同的方法调整到火花在砂轮宽度内基本均匀为止。

（6）纵向移动工作台，使工件由中间向左右展开磨削。在磨削的同时观察工件左右两端火花增减情况，继续进行调整，直到工件全长上火花基本均匀为止。

（7）当工件外圆基本磨出时，可用千分尺测量工件的锥度。如靠近头架端的尺寸大于尾座端的尺寸，则为顺锥，应顺时针旋转调整螺杆；反之为倒锥，应逆时针旋转调整螺杆。用此方法直到工件锥度找正为止。

2. 对刀找正

（1）在工件需要磨削的外圆两端使砂轮横向进给各磨一刀，使两端外圆基本磨圆为止。

（2）根据磨出两端外圆时横向进给手轮刻度盘的读数差值，以及工件两端直径的差值来判断工件产生锥度的情况，并进行调整。

（3）按照横向进给手轮刻度值和工件两端直径的差值判断工作台的调整方向。如果手轮刻度值相同，而工件靠尾座端直径较小时，则说明工件轴线向砂轮架方向偏斜，工作台应按顺时针方向调整；反之，工作台则应按逆时针方向调整。

（4）工作台的找正如图 2–25a 所示。找正时，拧松螺钉，用扳手转动螺杆，使上工作台相对于下工作台转动一个角度。利用百分表可精确控制上工作台的转动量。M1432A 型万能外圆磨床的调整螺杆为右旋，当螺杆顺时针方向转动时，上工作台也按顺时针方向转动；反之，上工作台按逆时针方向转动。

（5）重复上述步骤并继续找正。当对刀刻度读数相同且工件两端的直径也相同时，说明工作台已初步找正。

（6）试磨工件，待工件全长基本磨圆后，测量工件两端直径，并根据工件两端直径差值再精细调整工作台。

一般应在 0.1 ~ 0.15 mm 试磨余量内将工作台找正完毕。这种方法常用于磨削长度较长的工件。

3. 用标准样棒找正

（1）选一根与工件长度相同的标准样棒安装在两顶尖之间。

（2）将磁性表座固定在砂轮架上，百分表测头与顶尖等高，接触工件的侧母线，如图 2–25b 所示。

（3）摇动横向进给手轮，使百分表测头压缩 0.2 ~ 0.3 mm。

（4）工作台缓慢纵向移动，观察百分表在样棒全长上移动时的读数差。

（5）判断是顺锥还是倒锥，采用以上方法调整上工作台的位置，反复调整，直至百分表在样棒全长上的读数相同为止。

这种调整方法主要用于磨削余量极小的工件和超精磨工件的加工。

三、纵向磨削法

纵向磨削法是最常用的磨削方法，磨削时工作台做纵向往复进给，砂轮做周期性横向进给，工件的磨削余量要在多次往复行程中磨去，如图 2–26 所示。砂轮超越工件两端的长度一般为砂轮宽度的 1/3 ～ 1/2。当砂轮磨削至台肩一边时，要使工作台停留片刻，以防止产生锥度。为减小工件的表面粗糙度值，可做适当光磨，即在不做横向进给的情况下，工作台做纵向往复运动。

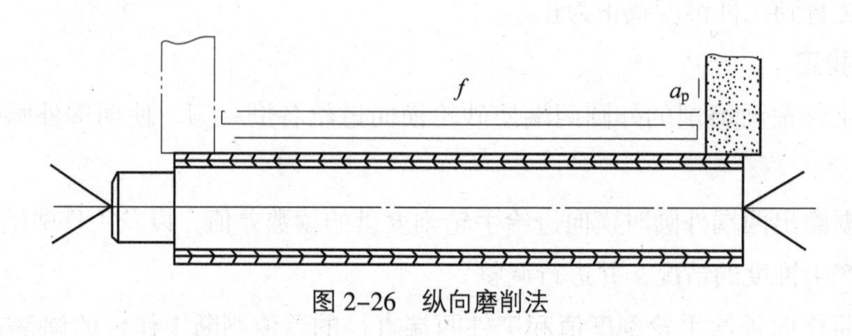

图 2–26　纵向磨削法

纵向磨削法（简称纵向法）的特点如下。

1. 运动形式

磨削时砂轮做旋转运动和径向进给运动；工件做旋转运动和轴向往复运动。

2. 工作表面

在砂轮整个宽度上，磨粒的工作情况不同。砂轮的端面边角（轴向进给方向前面部分）起主要的切削作用，切除工件的大部分余量，而砂轮宽度上大部分磨粒与已磨削表面接触，切削工作大大减轻，主要起减小工件表面粗糙度值的作用。

3. 磨削质量

由于砂轮的大部分磨粒担负磨光作用，且背吃刀量小，切削力小，磨削温度低，故工件尺寸精度高，表面粗糙度值低。如适当增加“光磨”时间，则可进一步提高加工质量。

4. 磨削效率

由于磨削深度小，需多次走刀才能磨去工件余量，机动时间长，因此生产效率较低。

5. 适用范围

在日常生产中，纵向磨削法具有很大的“万能”性，可以用同一个砂轮加工长度不同的各种工件，而且磨削质量好，所以应用广泛。由于切削力小，适宜加工细长工件；由于效率低，在单件小批量生产或精磨时采用这种加工方法。

四、磨削用量的确定

合理选择磨削用量对工件的加工精度、表面粗糙度、生产效率和制造成本均有很大的影响。

1. 砂轮圆周速度的选择

砂轮圆周速度增加时，磨削生产效率会明显提高，同时由于每颗磨粒切下的磨屑厚度减小，使工件的表面粗糙度值减小。随着磨粒负荷的减小，砂轮的寿命也将相应提高。但砂轮的圆周速度应在安全工作速度以下。一般外圆磨削 v_0=35 m/s，高速外圆磨削 v_0=45 m/s。高速磨削要根据机床的性能并采用高强度的砂轮。

2. 工件圆周速度的选择

采用纵向法，工件的转速不宜过高。当工件圆周速度增加时，砂轮在单位时间内切除的金属量增加，能提高磨削生产效率。但随着工件圆周速度的提高，单个磨屑厚度增大，工件表面的塑性变形也相应增大，使表面粗糙度值增高。

选择工件圆周速度的原则是背吃刀量越大，工件越重，材料越硬，工件越细长，则工件转速应越慢。

3. 背吃刀量的选择

背吃刀量增大时，工件的表面粗糙度值增大，生产效率提高，但砂轮使用寿命缩短。通常背吃刀量 a_p 为 0.01 ~ 0.03 mm，精磨时 a_p<0.01 mm。

4. 纵向进给量的选择

纵向进给量加大，对提高生产效率、加快工件散热、减轻工件烧伤有利，但不利于提高加工精度和降低表面粗糙度值。特别是在磨削细、长、薄的工件时，易发生弯曲变形。一般粗磨时，纵向进给量 f 为（0.4 ~ 0.8）B（B 为砂轮宽度），精磨时 f 为（0.2 ~ 0.4）B。

五、磨光轴

1. 光轴接刀磨削的技术要求

光轴的磨削特点是同一外圆要分两次掉头装夹磨削才能完成。如图 2–27 所示为简单的光轴，工件的尺寸精度为 IT6，表面粗糙度值 Ra 为 0.4 μm，圆柱度公差为 0.005 mm，要求接刀磨削后无明显接刀痕迹。磨削时对工件的定位基准（中心孔与顶尖）有较高要求，以保证工件的圆柱度公差。

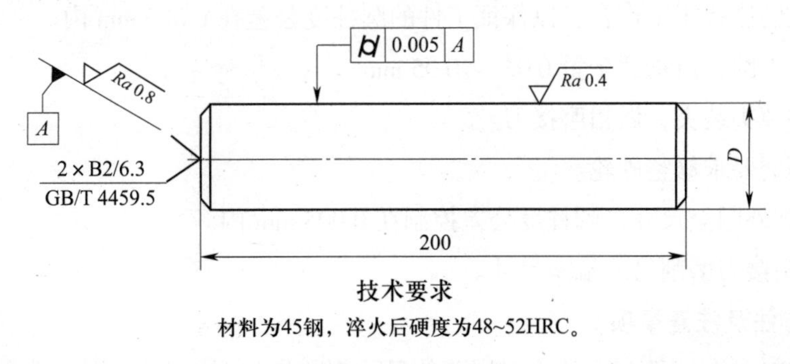

图 2–27　简单的光轴

2. 磨削步骤

（1）用涂色法检查工件中心孔，要求中心孔与顶尖的接触面积大于 80%。

（2）校对头架、尾座的中心，如图 2–28 所示。移动尾座使尾座顶尖和头架顶尖对准，不允许有明显偏移。当顶尖偏移时，工件的旋转轴线也将歪斜，则磨削时会产生明显接刀痕迹。

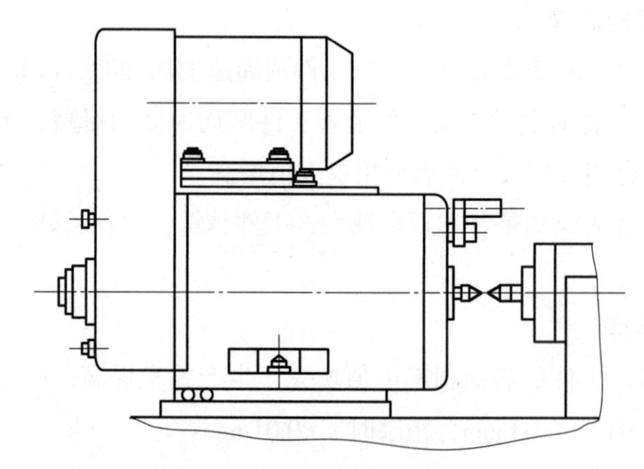

图 2–28　校对头架、尾座中心

（3）按工件磨削余量粗修整砂轮。

（4）将工件装夹在两顶尖之间。

（5）调整工作台纵向行程撞块位置，在近头架处使砂轮离轴端 30 ~ 50 mm 处换向，如图 2–29 所示。

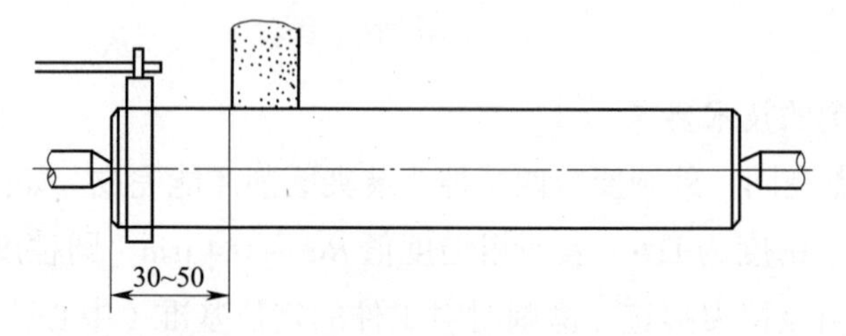

图 2–29　接刀轴左端撞块位置的调整

（6）用试磨法找正工作台，以保证工件的圆柱度公差在 0.005 mm 内。

（7）粗磨外圆，留精磨余量 0.03 ~ 0.05 mm。

（8）工件掉头装夹，做粗磨接刀。

（9）按精磨要求修整砂轮。

（10）精磨外圆至尺寸，圆柱度公差控制在 0.005 mm 内。

（11）掉头接刀磨削另一端至尺寸。

3. 接刀方法及注意事项

（1）接刀时可在工件接刀处涂一层薄的显示剂（红油），然后用切入法接刀磨削，当

磨至显示剂颜色变淡消失的瞬间即退刀。

（2）要精确地找正工作台。通常使靠近头架端外圆的直径较靠近尾座端的直径大 0.003 mm 左右，这样可减小接刀痕迹。

（3）当出现单面接刀痕迹时，要及时检查中心孔和顶尖的质量。中心孔端面出现毛刺或顶尖磨损都会产生接刀痕迹。

（4）要注意中心孔的清理和润滑。

（5）要正确调整顶尖的顶紧力。

课题三　外圆的其他磨削方法

一、外圆的切入磨削法

切入磨削法又称横向磨削法，即砂轮以很慢的速度连续（或断续）向工件做径向进给运动，工作台无轴向往复运动，如图 2–30 所示。当砂轮的宽度 B 大于工件磨削长度 L 时，砂轮可径向切入磨削，磨去全部加工余量。

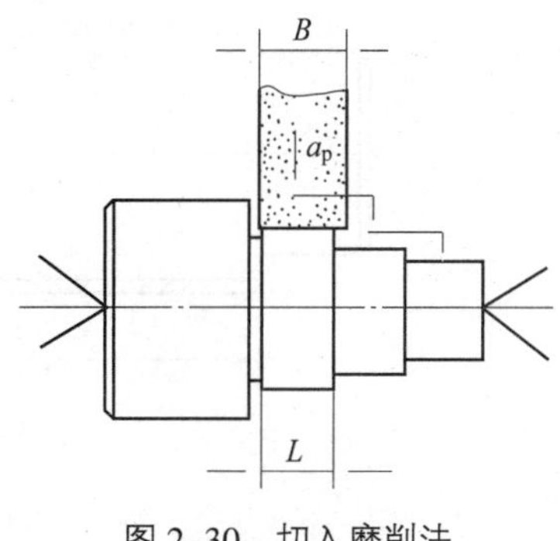

图 2–30　切入磨削法

与纵向磨削法比较，切入磨削法的特点如下。

1. 运动形式

磨削时砂轮做旋转运动和径向进给运动；工件做旋转运动。

2. 工作表面

在砂轮整个宽度上，磨粒的工作情况基本相同，磨粒负荷基本一致。

3. 磨削质量

由于无轴向进给，磨粒在工件表面留下重复磨痕，砂轮表面的形态（修整痕迹）会“复制”到工件表面上，会降低工件的表面质量和形状精度，表面粗糙度值 Ra 一般为 0.32 ~ 0.16 μm。另一方面，砂轮整个表面连续做径向切入，排屑困难，砂轮易堵塞和磨钝；同时，磨削热大，散热差，工件易烧伤和发热变形，这也降低了磨削质量。

4. 磨削效率

砂轮整个宽度上的磨粒都起切削作用，能连续地做径向进给运动，在一次磨削循环中，可分粗、精、光磨，因此生产效率较高。

5. 适用范围

由于生产效率高，适用于成批生产。切入磨削法由于受到砂轮宽度的限制，适用于磨削长度较短的外圆表面、两边有台阶的轴颈。另外，可根据成形工件的几何形状，将砂轮

外圆修整为成形表面，直接磨出工件的成形表面。

6. 砂轮需修整

采用切入磨削法，砂轮容易堵塞和磨钝，因此应经常修整砂轮。

二、外圆的分段磨削法

分段磨削法又称综合磨削法或混合磨削法，是切入磨削法和纵向磨削法的综合应用。分段磨削法先将工件分成若干小段，用切入磨削法逐段进行粗磨（见图 2–31a），留精磨余量 0.03 ~ 0.04 mm，然后再用轴向磨削法精磨工件至要求尺寸（见图 2–31b）。这种方法既有切入磨削法生产效率高的优点，又有纵向磨削法加工精度高的优点。分段磨削时，相邻两段间应有 5 ~ 15 mm 的重叠，以保证各段外圆能够衔接好。

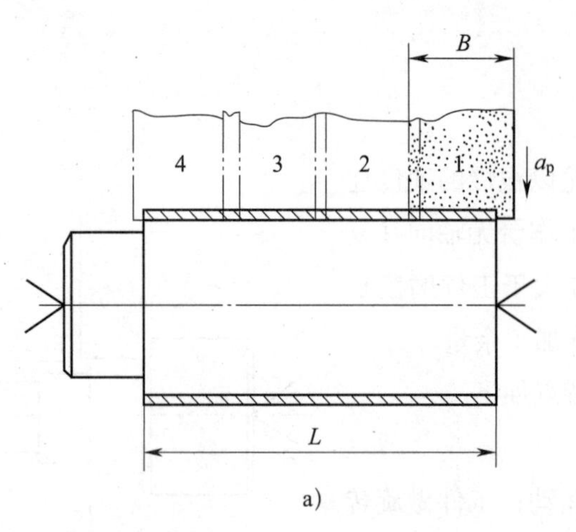

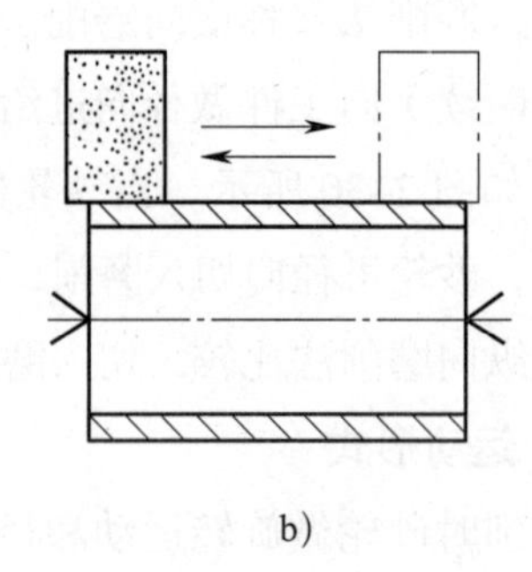

图 2–31　分段磨削法

a）粗磨　b）精磨

分段磨削法的特点如下。

1. 运动形式

径向粗磨时砂轮做旋转运动、径向进给运动，工件做轴向分段进给运动；轴向精磨时，砂轮做旋转运动、径向进给运动，工件做旋转运动、轴向往复运动。

2. 工作表面

砂轮的整个宽度以及砂轮的端面边角。

3. 磨削质量

轴向精磨后尺寸精度高，表面粗糙度值低。

4. 磨削效率

分段磨削效率较高。

5. 适用范围

适用于磨削余量大且刚性较好的工件，不适用于长度过长的工件，加工表面长度是砂

轮宽度的 2 ~ 3 倍较为合适。

三、外圆的深度磨削法

深度磨削法是一种高效率的磨削方法，是将砂轮磨成阶梯状，采用较大的背吃刀量，较小的纵向进给量，在一次纵向进给中将工件的全部磨削余量切除。

深度磨削法的特点如下。

1. 运动形式

砂轮做旋转运动、径向进给运动，工件做旋转运动、纵向进给一次。

2. 工作表面

砂轮的整个宽度以及砂轮的端面边角。

3. 磨削质量

阶梯砂轮改善了砂轮的受力状态，可使表面磨削精度达到 IT7 级，表面粗糙度值 *Ra* 为 0.8 μm 左右。

4. 磨削效率

深度磨削法效率高，是较为高效的磨削方法。

5. 适用范围

深度磨削法适用于大批量生产。

6. 注意事项

（1）由于磨削负荷集中在砂轮一端尖角处，受力状态最差。为此可将砂轮修成阶梯状（见图 2–32），这样可使砂轮台阶的前导部分起主要切削作用，台阶的后部起精磨作用。阶梯砂轮的阶梯数及台阶深度按磨削余量和工件长度确定。工件长度 80 mm ≤ L<100 mm，磨削余量为 0.3 ~ 0.4 mm 时，可采用双阶梯砂轮。砂轮的主要尺寸为：台阶深度 a=0.05 mm，台阶宽度 k 为（0.3 ~ 0.4）B（B 为砂轮宽度）；当工件长度 100 ≤ L<150 mm，磨削余量大于 0.5 mm 时，则采用五阶梯砂轮（见图 2–32）。砂轮的主要尺寸为：$a_1=a_2=a_3=a_4=$ 0.05 mm，$k_1+k_2+k_3+k_4=0.6B$。

（2）机床应具有良好的刚性，较大的功率。

（3）选用较小的单方向纵向进给，砂轮纵向进给方向应面向头架。

（4）磨削时要锁紧尾座，防止工件脱落。

（5）磨削时要注意充分冷却。

四、轴类零件的检验

1. 尺寸精度检验及所用量具

（1）直接测量法

在单件、小批量生产中，轴的直径一般都用千分尺测

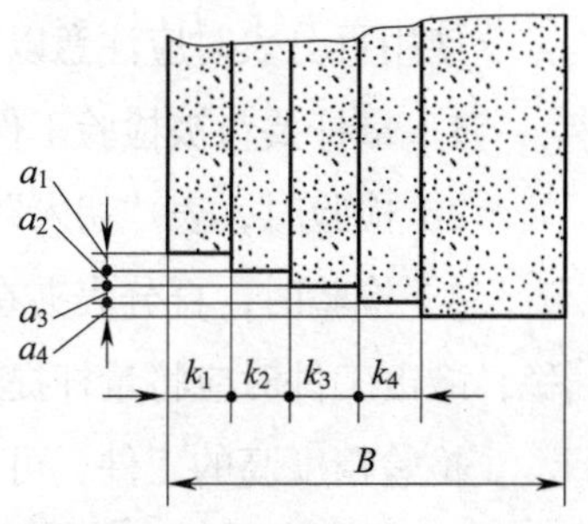

图 2–32　深度磨削法

量。在大批量生产时，用千分尺测量就很不经济，效率不高。这时可以根据工件的最大、最小极限尺寸，做成极限卡规。过端可根据工件最大极限尺寸制造，止端可根据工件最小极限尺寸制造。极限卡规是专用量具，测量方便、效率高。

当工件的加工精度较高时，可用杠杆式千分尺测量，其测量精度为 0.001 mm。

测量轴的台阶长度可用千分尺、深度千分尺、游标卡尺和深度游标卡尺等。

（2）间接测量法

当工件精度要求较高或批量大时，可以采用杠杆式卡规、比较仪、电感仪等检验轴的尺寸。在使用时，均要以块规为标准进行比较。在仪器上用块规对准零位，然后将工件放上去测量，工件的实际尺寸等于块规尺寸和指针读数的代数和。这种精密量具测量精度均在 0.001 mm 或更高，如电感仪测量精度为 0.000 5 mm。

2. 形状精度检验及所用量具

（1）椭圆度的检验

椭圆度用同一横截面内最大直径和最小直径之差表示（见图 2–33）。检验量具一般均采用千分尺。检验时，在同一截面上测出一个直径尺寸，然后将轴转过 90° 再测出一个直径尺寸，这两个直径之差就是椭圆度。工件精度较高时，应将轴多转几个角度，测出不同方向的几个直径，其中最大直径与最小直径之差即为椭圆度。可采用杠杆式卡规、杠杆式千分尺来测量。轴比较短、批量较大、精度较高时，可以用比较仪或电感仪测量，测量时可以在几个横截面上进行。

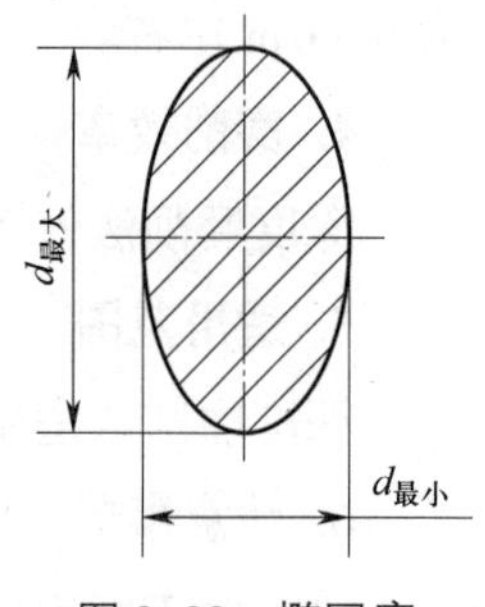

图 2–33　椭圆度

（2）圆柱度的检验

圆柱度用轴的同一纵截面内最大直径和最小直径之差表示。检验时，沿着轴线方向，测量轴的同一截面内轮廓圆周上 2 ~ 3 个位置的直径，再用同样的方法分别测量 2 ~ 4 个不同截面的直径，其最大值与最小值之差即为圆柱度。检验用量具有千分尺、杠杆式卡规、杠杆式千分尺、比较仪、电感仪等。

3. 位置精度检验

（1）检验时，百分表主要用来检验工件的跳动量。

使用百分表时应注意以下几点。

1）量杆要与被检验工件表面垂直。

2）检验时，表“切入”读数不要太大，一般为 0.10 ~ 0.15 mm。

3）检验时，百分表夹在磁力表座上，不要用力过“猛”。找正工件时，表座放平、放稳，敲击工件时应将量杆提起。

检验精度高的工件，可用测量精度为 0.001 mm 的千分表。

杠杆式百分表的使用特点是测量头能上下转动，而且幅度较大，可改变它的测量方

向，能测量普通百分表无法测量的工件。精度要求高的工件也可用杠杆式千分表进行测量。

（2）径向跳动的检验

如图 2–34 所示为在磨床上测量径向圆跳动误差的方法。测量时先在工作台上安放一个测量桥板，然后将百分表架放在测量桥板上，使百分表测杆与被测工件轴线垂直，并使测头位于工件圆周最高点上，转动工件即可测量圆跳动误差。

如图 2–35 所示为圆跳动检查仪的使用，测量时百分表测杆应垂直于测量表面，并使百分表转动 1/4 周，调整百分表的零位，转动工件即可测量圆跳动误差。

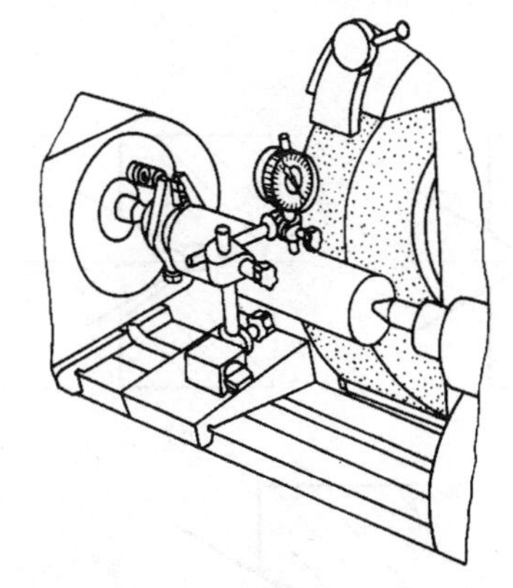

图 2–34　在磨床上测量径向圆跳动误差的方法

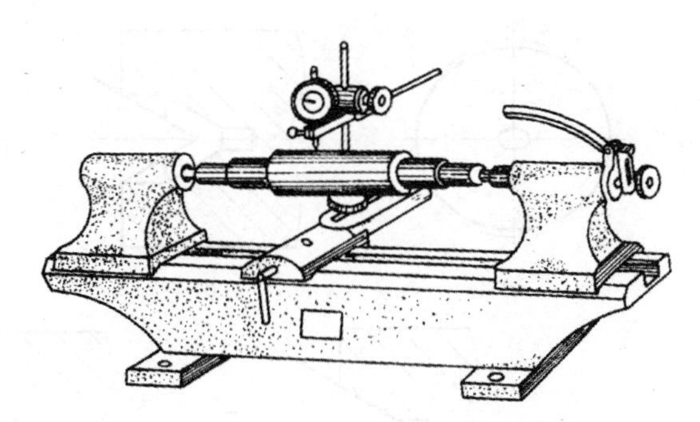

图 2–35　圆跳动检查仪的使用

如图 2–36 所示为台阶轴圆跳动误差的测量方法。将工件装夹在两顶尖之间，用杠杆式百分表分别测量径向圆跳动误差和轴向圆跳动误差。杠杆式百分表测头的角度应适宜。

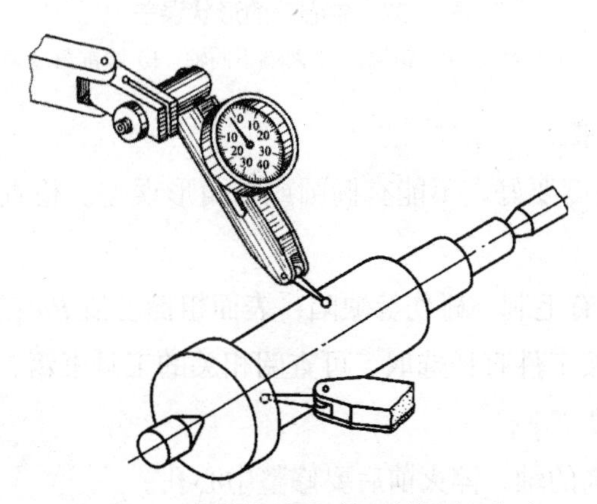

图 2–36　台阶轴圆跳动误差的测量方法

4. 表面粗糙度值检验

表面粗糙度值检验时，在实际生产中通常是用目测，凭经验判断。也可用比较法，即用表面粗糙度标准比较样块，通过触觉和视觉与工件的表面进行比较，以确定被测工件的表面粗糙度值。当工件表面质量要求高时，在成批生产中可抽出几只工件送到工厂计量室用轮廓测量仪检验，用这种方法检验较为准确。

五、中心孔及其修正

1. 中心孔的形状误差

中心孔在外圆磨削中是工件的定位基准，中心孔的形状误差及其他缺陷都会影响工件的加工精度。如椭圆（见图 2–37a）、太深（见图 2–37b）、太浅（见图 2–37c）会使顶尖与中心孔接触不良；钻偏（见图 2–37d）、两端不同轴（见图 2–37e）会影响顶尖与中心孔的接触位置；圆锥角过大（见图 2–37f）、圆锥角过小（见图 2–37g）以及碰伤、拉毛、中心孔尺寸太小都会使定位接触面减小，影响定位精度；中心孔尺寸太大，则不易加工准确，影响磨削质量。

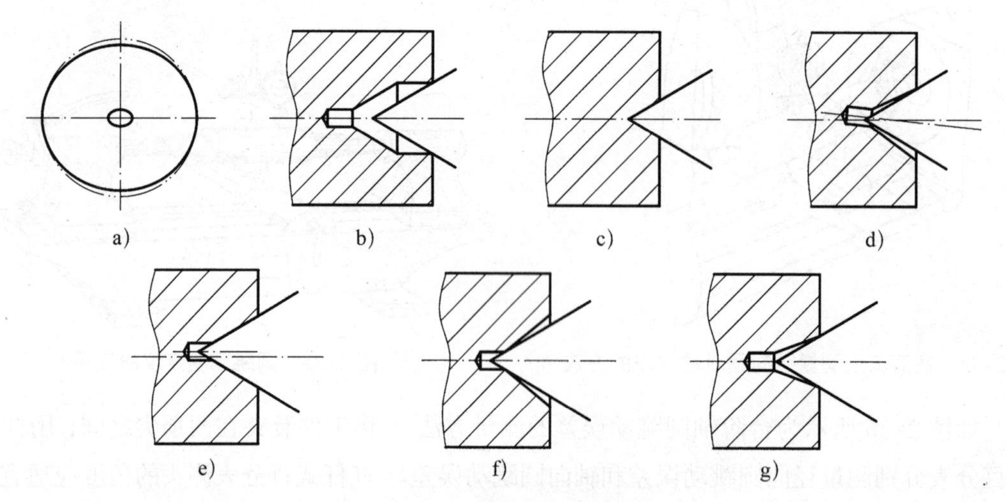

图 2–37　中心孔的形状误差

a）椭圆　b）太深　c）太浅　d）钻偏　e）两端不同轴　f）圆锥角过大　g）圆锥角过小

2. 中心孔的技术要求

（1）60°圆锥面的圆度要好，不能有椭圆或多角形误差。检查中心孔用涂色法，要求接触面积大于 80%。

（2）60°内锥面不能有毛刺、碰伤等缺陷，表面粗糙度值 *Ra* 在 0.8 μm 以下。

（3）中心孔的尺寸按工件直径选取，可查阅相关的工具书籍，一般来说大直径选大中心孔，小直径选小中心孔。

（4）对精度要求较高的轴，淬火前后要修整中心孔。

3. 常用修整中心孔的方法

（1）用硬质合金顶尖研磨中心孔。如图 2–38 所示为特制四棱硬质合金顶尖。将顶尖装在台式钻床上，工作台上装底顶尖，两顶尖顶住工件，左手持工件，右手握住机床手柄。中心孔内放入氧化铅研磨粉并加机油（或研磨膏），开机研磨，右手要适当用力，选约 300 r/min 的转速刮研。研磨好一端后，按以上方法研磨另一端（见图 2–39）。

（2）用 60°锥形油石研磨顶尖孔。如图 2–40 所示为在车床上用 60°锥形油石研磨中心孔。研磨时转速不宜过高，在中心孔中加柴油或轻机油开车研磨。这种方法比上一种方法效率低，但质量高，适用于精度要求高的工件。在车床上研磨中心孔，也可用细粒度砂轮代替油石（砂轮选用橡胶结合剂类型的）。通过修研后的中心孔要经过试磨，如能保证工件加工精度，说明中心孔已修研合格。

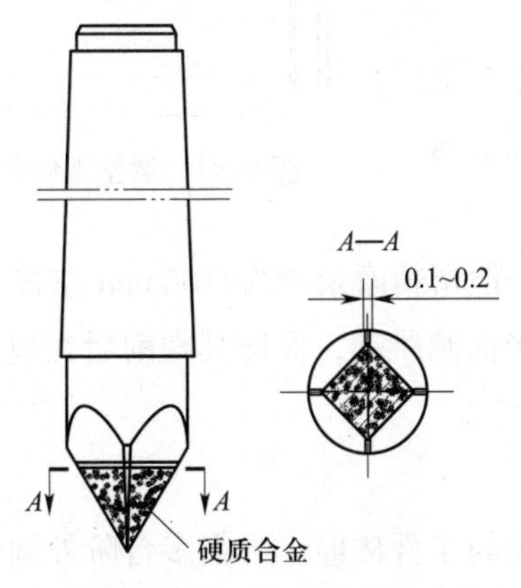

图 2–38　特制四棱硬质合金顶尖研磨中心孔

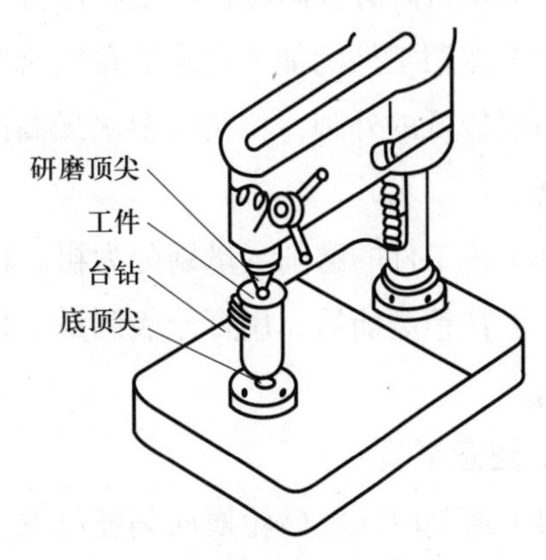

图 2–39　在台式钻床上研磨中心孔

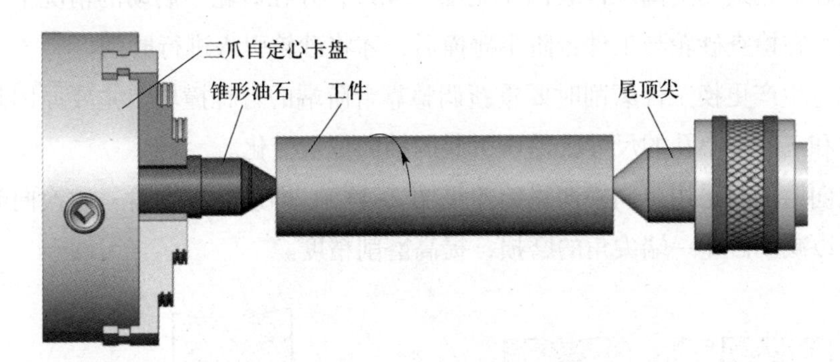

图 2–40　在车床上用 60° 锥形油石研磨中心孔

课题四　台阶轴的磨削

一、台阶轴外圆的磨削方法

1. 磨削方法

（1）当工件磨削长度小于砂轮宽度时，应采用切入磨削法；当工件磨削长度较长时，可采用纵向磨削法或分段磨削法。

（2）首先用纵向磨削法磨削长度最长的外圆柱面，以便找正工作台，使工件的圆柱度在规定的公差之内。

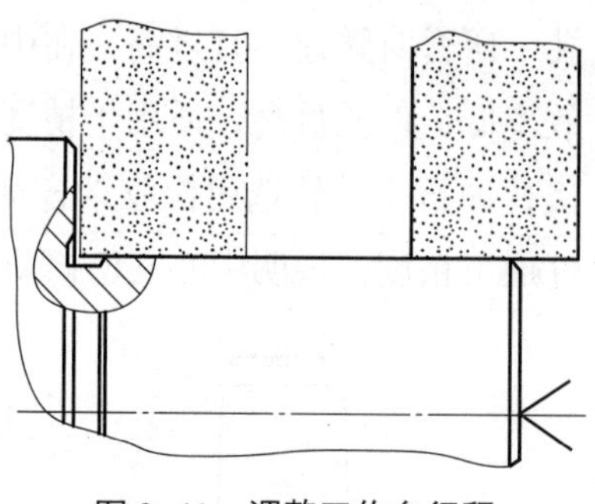
图 2–41　调整工作台行程

（3）用纵向磨削法磨削台阶旁的外圆时，需细心调整工作台行程，使砂轮在越出台阶旁外圆时不发生碰撞（见图 2–41）。

（4）为了使砂轮在工件全长上能均匀地磨削，待砂轮在磨削至台阶旁换向时，可使工作台停留片刻。

（5）按照工件的加工要求安排磨削顺序，一般可先磨削精度较低的外圆，将精度要求最高的外圆安排在最后精磨。

（6）按工件的磨削余量划分为粗、精磨削，一般留精磨余量为 0.06 mm 左右。

（7）在精磨前后，用百分表测量工件外圆的径向圆跳动，保证其磨削后在规定的公差范围内。

2. 注意事项

（1）磨削时注意砂轮横向刻度位置，防止砂轮与工件碰撞。磨削多台阶外圆时，可先磨削较大直径的外圆，然后依次磨削较小直径的外圆。

（2）应在砂轮适当退离工件表面（见图 2–42），并在砂轮不启动的情况下，调整工作台行程撞块。在检查砂轮与工件台阶不碰撞后，才将砂轮引入进行磨削。

（3）批量生产更换工件磨削时要重新调整靠台阶端的行程撞块。主要原因是工件台阶的尺寸公差和工件中心孔的尺寸公差所引起的轴向位置变化。

（4）纵向磨削时采用单向横向进给（见图 2–43），即砂轮在台阶一边换向时做横向进给，这样可以减小砂轮一端尖角的磨损，提高磨削精度。

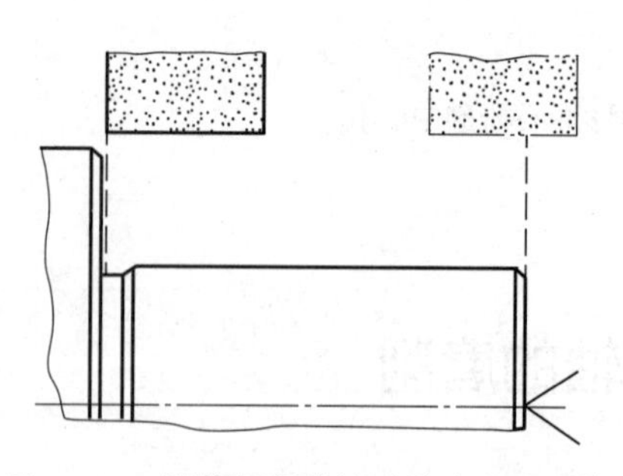
图 2–42　调整行程撞块时防止发生碰撞

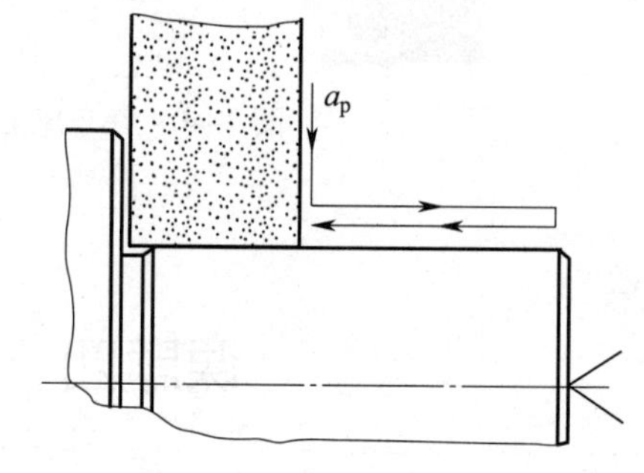

图 2–43　单向横向进给

（5）磨削淬硬工件时，应尽量选用硬质合金顶尖装夹，以减少顶尖的磨损。使用硬质台金顶尖时，需检查顶尖表面是否有损伤裂纹。

二、台阶旁外圆面的磨削

磨削台阶轴的外圆时，应根据磨削长度选择磨削方法。纵向磨削时要注意以下问题。

1. 要调整好工作台的行程，使工作台反向移动时砂轮离台阶端面的距离尽可能小又不发生碰撞。为确保安全，需在砂轮不开动的情况下自动换向几次，检查砂轮是否与台阶面相碰。

2. 当磨削至台阶一边换向时，要使工作台停顿片刻。

3. 径向进给只能在台阶一边换向时进行（见图 2–44a），否则端面边角 *A* 易被磨钝和磨圆，导致台阶根下的圆柱面直径大于其余部分（见图 2–44b）。

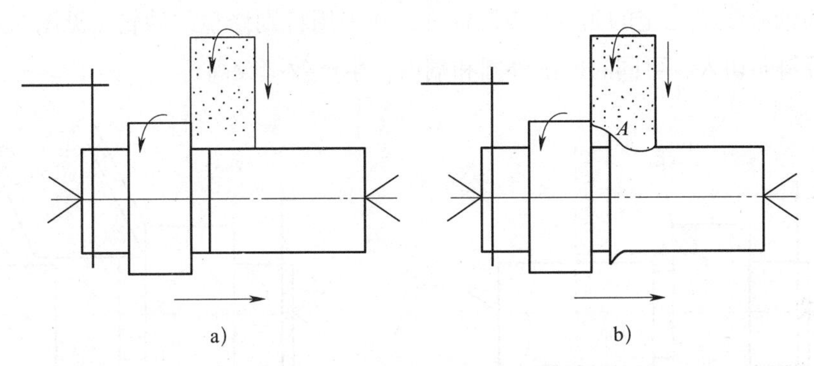

图 2–44　台阶旁外圆的磨削

4. 如果台阶轴外圆面的精度要求不高（如粗磨），为了便于调整也可先用径向磨削法将台阶下的一段外圆磨至要求尺寸（见图 2–45a），然后再用纵向磨削法磨去其余部分（见图 2–45b）。

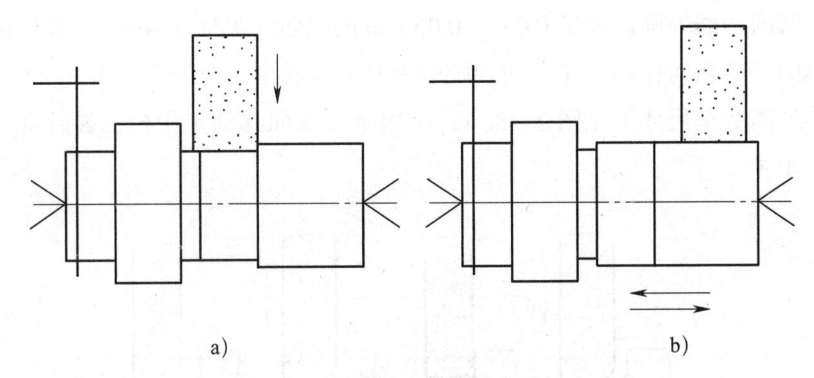

图 2–45　台阶旁外圆精度低的粗磨

三、台阶轴端面的磨削

台阶轴端面一般是在外圆磨床上与外圆柱面一次装夹中用砂轮端面磨出。由于台阶轴端面与外圆连接处形状不同，因而采用的磨削方法也不同。

1. 带退刀槽轴肩端面的磨削方法

图 2–46 中的台阶端面是在外圆粗磨后，手动沿轴向移动工作台，用砂轮端面磨出。为了减小磨削时砂轮与工件的接触面积，避免工件烧伤和提高工件表面的精度，砂轮的端

面通常修成图示的形状（约 1°）。

需要注意的是外圆粗磨好后必须把砂轮沿径向稍稍退出一些（由于丝杠和螺母之间有间隙，不能只是把手轮倒转几格，而是要倒退一转后，再重新摇进砂轮到离原来位置几格的地方），以免砂轮和工件因受轴向力作用发生变形把工件外圆磨小，退出距离一般为 0.05 ~ 0.15 mm。

在大批量生产中，带台阶的轴、套类零件常在端面外圆磨床上磨削。磨床砂轮的轴心线与工件的轴心线成一定的角度（26° 34′），并采用特别修整的砂轮（见图 2–47）。磨削时，砂轮沿斜向切入，可同时磨削外圆和端面，生产效率较高。

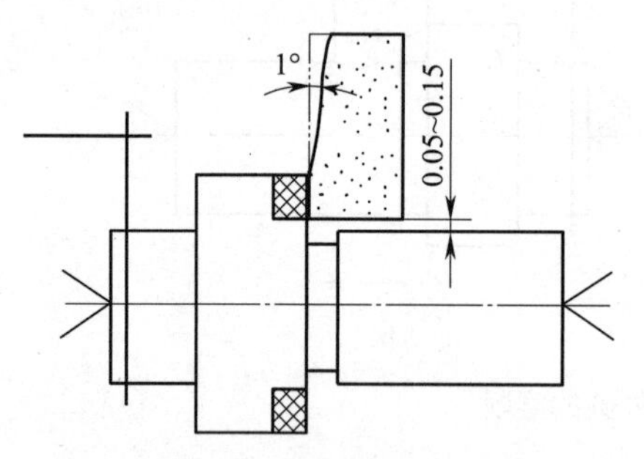

图 2–46　带退刀槽的台阶磨削

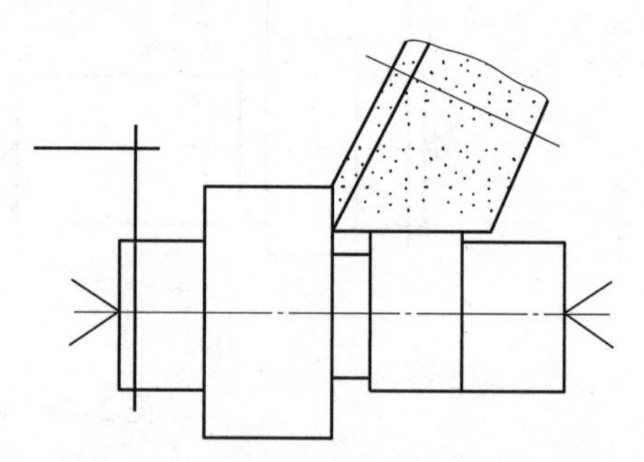
图 2–47　用特别修整的砂轮磨削台阶

2. 带圆角轴肩端面的磨削方法

磨削前，应根据工件形状把砂轮边角修成圆弧状。如果台阶旁外圆表面的长度较短，可先用切入磨削法磨外圆，并留 0.03 ~ 0.05 mm 的余量（见图 2–48a），接着把砂轮沿径向退出，再用手动纵向移动工作台使台阶端面与砂轮接触（见图 2–48b），然后慢慢沿径向进给，将外圆磨至尺寸（见图 2–48c），再次手动纵向移动工作台，最后将砂轮径向退出（见图 2–48d）。

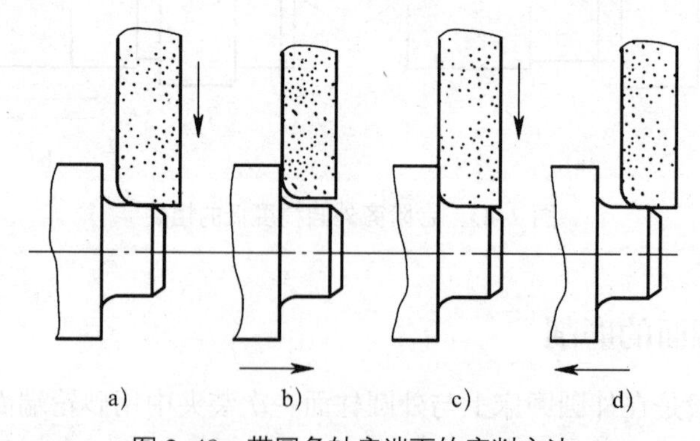

图 2–48　带圆角轴肩端面的磨削方法

如果台阶旁外圆表面的长度比较长，可先用纵向磨削法磨外圆至尺寸，然后用上述方法磨削端面，当砂轮径向切入至工件外圆表面距离为 0.02 ~ 0.05 mm 时，先纵向退出工作台，然后径向退出砂轮。

3. 无退刀槽或圆角轴肩的磨削

磨削方法与轴、台阶端面圆弧过渡相同。但必须注意，磨削台阶端面时砂轮承受着很大的侧压力，若操作不慎很容易使砂轮碎裂。因此，操作时必须细心地移动工作台，进给量要小而均匀。此外，端面磨削接触面大，磨削温度高，必须进行充分冷却。

4. 磨削台阶轴时加工顺序的确定

（1）根据工件的形状，先在长度最长的台阶处校正圆柱度。

（2）根据工件的直径，先磨直径较大的外圆。

（3）根据工件的位置精度，先磨精度要求较低的外圆，后磨精度要求较高的外圆，以保证工件精度要求。

四、工件端面的测量

1. 端面跳动量的检验

检验时可将工件装夹在两顶尖之间，百分表量杆触头垂直靠在工件端面最外面一点，转动工件，百分表指针的偏摆数值即为端面跳动量。如要检验工件端面对外圆的跳动量，可将工件定位表面放在 V 形块上，工件的中心孔中放一粒钢球，并顶在一固定支承板上，然后将百分表量杆触头靠在工件端面上，用手转动工件时，要将工件向左顶住，转动工件 360°，百分表指针偏摆数值即为测量面对定位表面的端面跳动量（见图 2–49）。一般将触头放在端面最外面的一点来检验端面跳动量。用杠杆式百分表或杠杆式千分表检验。

2. 端面不平度的检验

零件在实际使用中，允许端面稍有中凹，工件装配时能满足要求。测量用样板平尺看透光是否均匀（见图 2–50）。长度不大的工件，也可以固定在精密 V 形块中，在平板上用百分表检验（见图 2–51a）。在成批生产中也可以用环规涂色检验（见图 2–51b）。

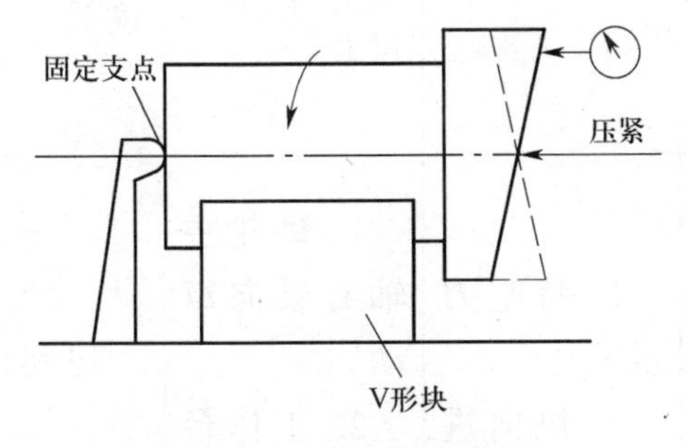

图 2–49　检验工件端面对外圆跳动

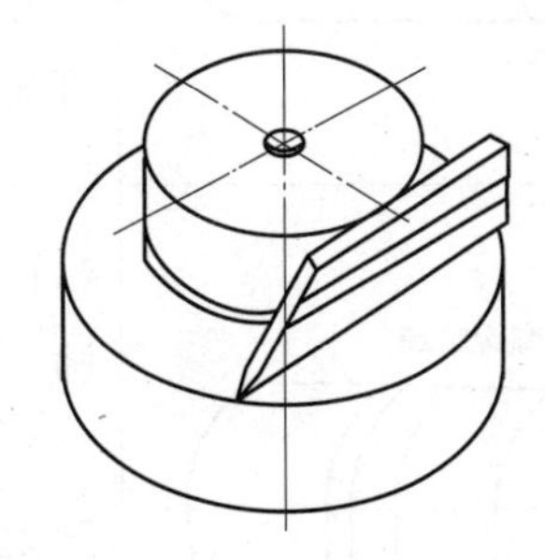

图 2–50　用样板平尺检验平面度

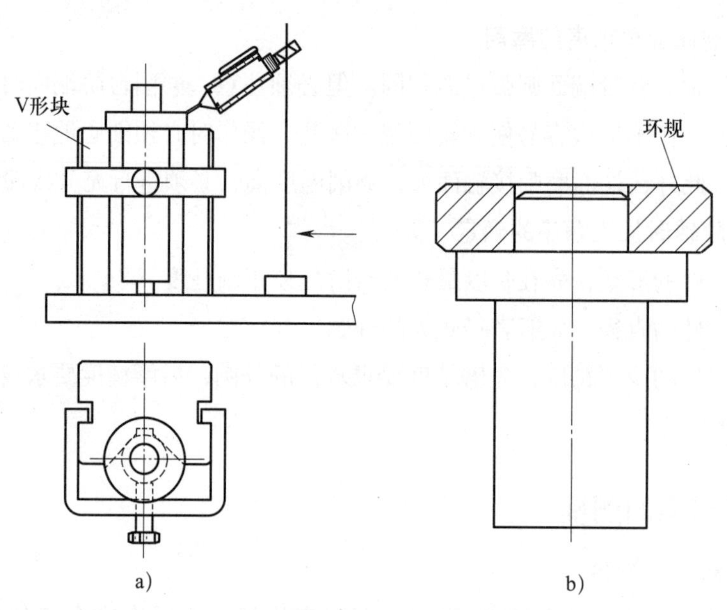

图 2–51　端面沿直径方向不平度的检验

a）用百分表检验　b）用环规涂色检验

工件端面的磨削花纹也可反映端面是否磨平。端面为双花纹，则表示端面平整。

五、台阶轴磨削的缺陷分析（见表 2–3）

表 2–3　　台阶轴磨削的缺陷分析

工件缺陷	砂轮	磨削用量	机床	其他
直波形振痕	1. 砂轮不平衡 2. 砂轮磨钝 3. 砂轮硬度太硬	工件圆周速度过大	1. 机床部件振动 2. 砂轮主轴轴承间隙过大	1. 中心孔有多角形 2. 工件刚度低
螺旋痕迹	1. 砂轮磨钝 2. 砂轮硬度太硬 3. 砂轮修整不良	1. 背吃刀量过大 2. 纵向进给量过大	1. 砂轮主轴有轴向窜动 2. 工作台传动有爬行现象	切削液不足

续表

工件缺陷	砂轮	磨削用量	机床	其他
圆度误差	砂轮磨钝	1. 背吃刀量过大 2. 工件圆周速度过大	1. 顶尖磨损 2. 顶尖与主轴、尾座套筒的锥孔配合不良 3. 顶尖的顶紧力调整不当	1. 中心孔不圆或有毛刺 2. 中心孔内有污物 3. 中心孔磨损 4. 切削液不足
表面烧伤	1. 砂轮磨钝 2. 砂轮硬度太硬 3. 砂轮粒度太细	1. 背吃刀量过大 2. 工件圆周速度过大 3. 纵向进给量过大		切削液不足
圆柱度误差	1. 砂轮磨钝 2. 砂轮硬度太软	1. 纵向进给量不均匀 2. 背吃刀量过大	1. 工作台未找正 2. 工作台压板未锁紧 3. 头架、尾座中心未对准 4. 撞块位置调整不当	1. 切削液不足 2. 工件弯曲变形

续表

工件缺陷	砂轮	磨削用量	机床	其他
同轴度误差	砂轮磨钝	背吃刀量过大	1. 顶尖磨损 2. 顶尖与主轴、尾座的锥孔配合不良 3. 顶尖的顶紧力调整不当	1. 中心孔不圆或有毛刺 2. 中心孔内有污物 3. 中心孔磨损 4. 工件弯曲变形 5. 装夹次数过多 6. 切削液不足

六、磨削台阶轴

1. 台阶轴技术要求

如图 2–52 所示为台阶轴，其工件材料为 45 钢，淬火后硬度为 48 ~ 52HRC。加工的尺寸公差等级为 IT6 级，圆柱度公差为 0.005 mm，外圆柱表面对中心孔的径向圆跳动公差为 0.01 mm。外圆柱面和台阶面的表面粗糙度值 *Ra* 分别为 0.4 μm 和 1.6 μm。$\phi 30_{-0.013}^{0}$ mm、$\phi 30_{+0.017}^{+0.033}$ mm、ϕ（40 ± 0.008）mm 为装配表面，故有较高的加工精度要求。

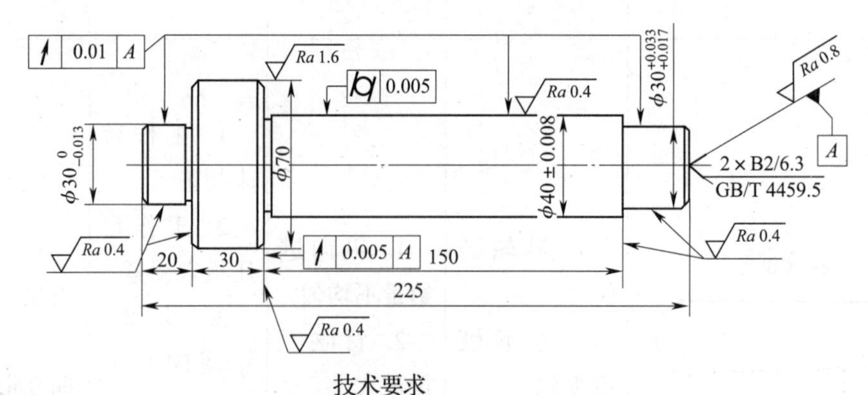

图 2–52　台阶轴

2. 工件磨削步骤

操作的关键是将工件的径向圆跳动误差控制在公差范围内。

（1）检查工件中心孔。

（2）找正头架、尾座的中心，不允许偏移。

（3）粗修砂轮，端面两侧修成内凹形。

（4）测量工件尺寸，计算磨削余量和圆柱度公差值。

（5）将工件装夹于两顶尖之间，左端靠头架。

（6）调整工作台纵向行程撞块的位置。

（7）磨 ϕ（40 ± 0.008）mm 外圆。找正工作台，保证圆柱度公差在 0.005 mm 以内，留精磨余量 0.05 mm。

（8）粗磨 $\phi 30_{-0.013}^{0}$ mm、$\phi 30_{+0.017}^{+0.033}$ mm 外圆，留精磨余量 0.05 mm。

（9）精细修整砂轮。

（10）用纵向磨削法精磨 ϕ（40 ± 0.008）mm 外圆至尺寸，磨台阶面，保证轴向圆跳动误差在 0.05 mm 以内。

（11）用切入磨削法精磨 $\phi 30_{+0.017}^{+0.033}$ mm 外圆至尺寸。

（12）掉头，用切入磨削法精磨 $\phi 30_{-0.013}^{0}$ mm 外圆至尺寸，磨台阶面至技术要求。

3. 注意事项

（1）首先用纵向磨削法磨削长度最长的外圆，以便找正工作台，使工件的圆柱度达到公差要求。

（2）用纵向磨削法磨削台阶旁外圆时，需细心调整工作台行程，砂轮在越出台阶旁外圆时不发生碰撞。调整时应关闭砂轮的电动机，并将砂轮退离工件表面。

（3）用纵向磨削法磨削台阶轴时，为了使砂轮在工件全长能均匀地磨削，待砂轮在磨削至台阶旁换向时，可使工作台停留片刻。

（4）磨削时注意砂轮横向进给手轮刻度位置，防止砂轮与工件碰撞。

（5）砂轮端面的狭边要修整平整。磨削台阶面时切削液要充足，适当增加光磨时间。

第三单元
内 圆 磨 削

课题一　内圆磨床的操纵与调整

一、内圆磨削概述

内圆磨削是内孔的精加工方法，可以加工工件上的通孔、不通孔、台阶孔和孔内端面，内圆磨削还能加工淬硬的工件，因此在机械加工中得到广泛应用。内圆磨削的成形运动与外圆磨削相同，工件装夹在卡盘上，由主轴传动，砂轮除做高速旋转运动外，还做纵向进给运动和横向进给运动，即可磨出圆柱孔。内圆磨削的尺寸精度一般可达 IT7 ~ IT6 级，表面粗糙度值 *Ra* 可达 0.8 ~ 0.2 μm。如采用高精度磨削工艺，尺寸公差可以控制在 0.005 mm 以内，表面粗糙度值 *Ra* 可达 0.002 ~ 0.01 μm。

二、M2110A 型内圆磨床的主要部件

如图 3–1 所示，M2110A 型内圆磨床由床身、工作台、主轴箱、内圆磨具和砂轮修整器等部件组成，其操纵件的名称与功用见表 3–1。

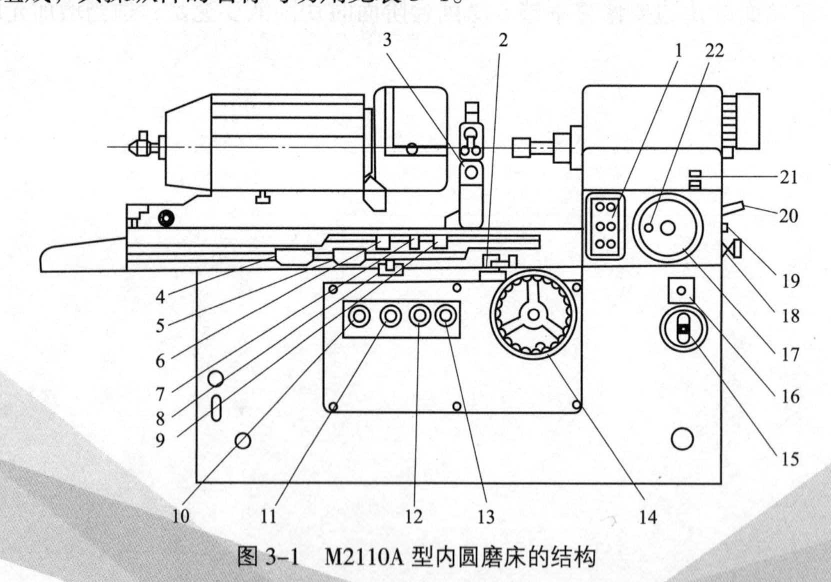

图 3–1　M2110A 型内圆磨床的结构

表 3–1　　操纵件的名称与功用

编号	操纵件的名称与功用	编号	操纵件的名称与功用
1	电气操作板	12	速度调节旋钮
2	换向手柄	13	修整速度旋钮
3	修整器回转头	14	纵向进给手轮
4	行程压板	15	电源开关
5	中停压板	16	转速选择开关
6	微调撞块	17	横向进给手轮
7	反向撞块	18	移动旋钮
8	行程阀	19	挡销
9	修整撞块	20	手柄
10	启停旋钮	21	顶杆
11	动作选择旋钮	22	螺母

三、M2110 型内圆磨床的操纵

1. 工作台的操纵和调整

（1）工作台的启动

1）按动电气操作板 1 的油泵启动按钮，使磨床液压油路正常工作。

2）将工作台启停旋钮 10 旋到“开”的位置。

3）将工作台换向手柄 2 向上抬起，工作台启动阀被压下，工作台快速动作。

4）手放松时，启动阀借弹簧力作用而弹起。

（2）工作台在磨削位置时撞块距离和运动速度的调整

1）调整行程压板 4 的位置，使砂轮进入工件内孔之前行程压板到达行程阀 8 的位置，将行程阀压下，工作台迅速转入磨削运动。

2）调节工作台磨削速度调节旋钮 12，使工作台运动速度处于磨削所需要的速度。

（3）工作台在修整砂轮位置时撞块距离和运动速度的调整

1）将动作选择旋钮 11 从磨削位置转到修整位置，这时砂轮修整器回转头 3 迅速压下，工作台的速度从磨削速度转变为修整速度。

2）调整修整撞块 9 的位置，使工作台在金刚石修整砂轮的距离内往复运动。

3）调节工作台修整速度旋钮 13，使工作台运动速度处于修整时所需要的速度。

（4）工作台快速进退位置的调整

工作台在磨削结束后可快速退出，以减少空行程的时间。操作时，只要将工作台换向

手柄 2 向上抬起，使换向撞块越过手柄，行程压板离开行程阀，行程阀弹起，工作台就快速退出；当中停压板 5 移到行程阀位置时，行程阀被压下，工作台就停止运动。

手动调整工作台时，可摇动纵向进给手轮 14 进行调整。

2. 主轴箱的操纵和调整

主轴箱主轴的旋转由双速电动机通过传动带带动旋转，在电动机转轴和主轴箱主轴上装有塔形带轮，以变换工件转速。在磨床床身的右端装有转速选择开关 16，可使主轴箱电动机在高速或低速的位置上工作。

主轴箱主轴的转速有 200 r/min、300 r/min、400 r/min、600 r/min 四挡位置可供选择。

将旋钮旋到“Ⅰ”的位置，主轴箱主轴处于“试转”状态；将旋钮旋到“0”的位置，主轴箱主轴停止转动；将旋钮旋到“Ⅱ”的位置，主轴箱主轴处于“工作”状态。

3. 砂轮横向进给机构的操纵和调整

砂轮横向进给有手动和自动两种，手动进给由横向进给手轮 17 实现，按动手柄 20 可做微量进给。转动移动旋钮 18 至“开”的位置，砂轮做自动进给。调整顶杆 21 的行程可控制进给量的大小。横向进给量每格为 0.005 mm，转一圈为 1.25 mm。

当需要调整横向进给手轮“零”位时，先松开螺母 22，再拔出挡销 19，然后转动刻度圈调整。

磨床使用完毕，应将电源切断。

四、M1432 型万能外圆磨床磨削内孔的调整

1. 内圆磨具位置的调整

万能外圆磨床上内圆磨具的调整方式有两种，一种是翻落式，如 M1432B 型万能外圆磨床。在磨削内圆时，只要将内圆磨具插销拔出（见图 3–2a），把内圆磨具翻下，并用螺钉紧固在砂轮架上（见图 3–2b）。这时行程开关触头放松弹出，使外圆电动机电路切断，内圆电动机电路接通，内圆磨具即可旋转工作。

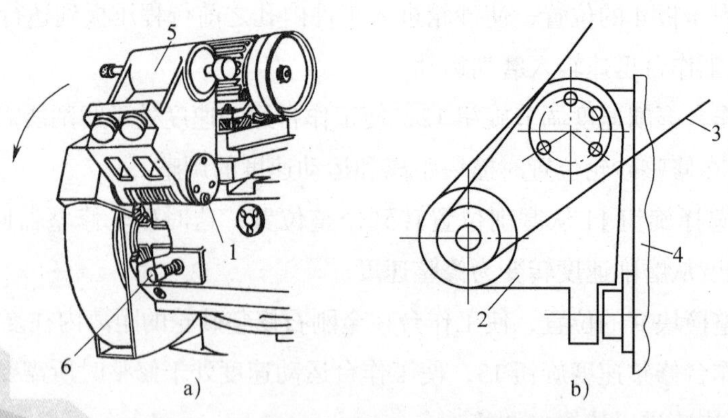

图 3–2　内圆磨具位置的调整（翻落式）

1—插销　2—转体　3—传动带　4—砂轮架　5—内圆磨具　6—螺钉

另一种是旋转式，如 M1420A 型万能外圆磨床。外圆磨削与内圆磨削共用一个电动机，内圆磨具装在砂轮架后面。调整时，先要拆除 V 带，并旋松砂轮架与底座的紧固螺母，旋转砂轮架使外圆砂轮转到后面，内圆磨具转到前面，对准砂轮架与底座上的零位，然后紧固螺母，装上平带，调整电动机的位置，使传动带松紧适度，内圆磨具就可旋转工作，如图 3–3 所示。

2. 头架主轴间隙的调整

万能外圆磨床在磨削外圆时，为了保证头架主轴的回转精度和防止在磨削时顶尖与工件一起旋转，必须将头架主轴间隙放松。各种型号的万能外圆磨床头架主轴间隙的调整方法有所不同。如 M1420A 型万能外圆磨床，头架主轴间隙是用拨叉转动装在头架主轴后端的间隙调整盘来调整的，按顺时针方向调整则间隙放松，按逆时针方向调整则间隙收紧，如图 3–4 所示。

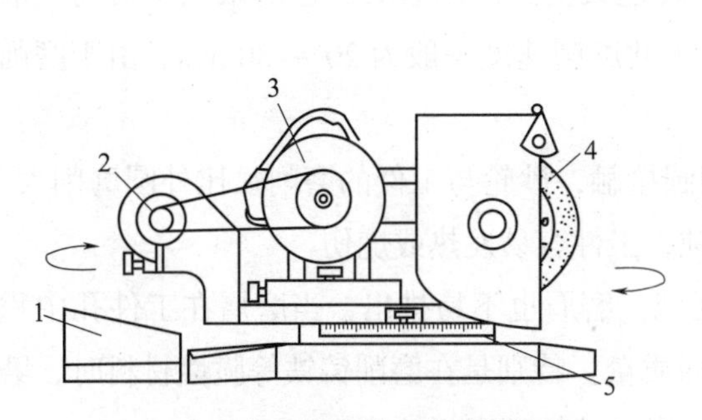

图 3–3　内圆磨具位置的调整（旋转式）

1—工作台　2—内圆磨具　3—电动机
4—外圆砂轮　5—刻度盘

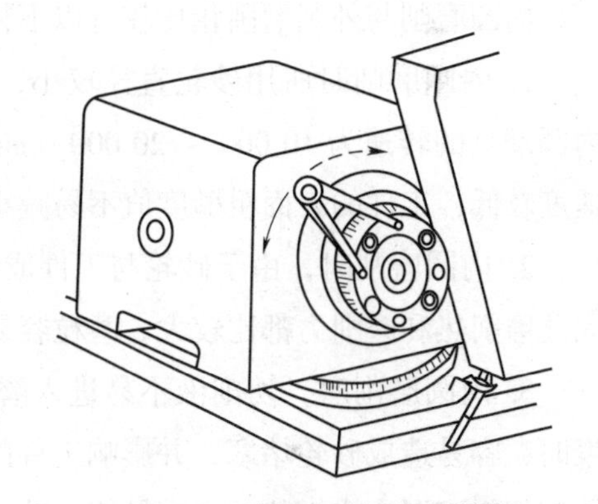

图 3–4　头架主轴间隙的调整

在 M1432A 型万能外圆磨床上磨削内圆时，只要将头架主轴后端间隙螺栓拆除，主轴间隙即可放松。

3. 砂轮架快速进退位置的调整

万能外圆磨床在进行内圆磨削时，要将快速进退手柄调整到“进”的位置，才能使头架转动。调整应在油泵开启前进行，否则无法进行调整。

五、操作注意事项

1. 内圆磨床在调整工作台撞块位置时，应停止工作台的自动纵向进给，改为手动进给调整，以防止工作台变换速度时砂轮碰到工件。

2. 内圆磨床工作台要以最大退出距离退出时，需将中停压板右移到极限位置，使工作台退到底，再移动中停压板压住行程阀，保证主轴电动机在此时停止转动。当磨削较短的工件时，工作台不需要大量退出，可手摇工作台退到需要的位置停下，再将中停压板移到

行程阀处。

3. 内圆磨床每次启动油泵后，首先必须使工作台退到底，让油泵自动进行排气，然后开始工作，否则工作台会产生爬行现象。

4. 当万能外圆磨床内圆磨具位置的调整采用旋转方式进行时，应注意砂轮架的旋转方向，以免砂轮罩壳与继电器碰撞，并要注意电线软管不被拉坏。

课题二　通 孔 磨 削

一、内圆磨削的特点

内圆磨削与外圆磨削相比较有以下特点。

1. 内圆磨削时所用砂轮直径较小，砂轮转速又受到内圆磨具转速的限制（目前一般内圆磨具的转速为 10 000 ~ 20 000 r/min），因此磨削速度一般为 20 ~ 30 m/s。由于磨削速度较低，工件的表面粗糙度值不易减小。

2. 内圆磨削时，由于砂轮与工件成内切圆接触，砂轮与工件的磨削弧比外圆磨削大，因此磨削热和磨削力都比较大，磨粒容易磨钝，工件容易发热或烧伤。

3. 内圆磨削时，切削液不易进入磨削区域，磨屑也不易排出，当磨屑在工件孔中积聚时，容易造成砂轮堵塞，并影响工件的表面质量。特别是在磨削铸铁等脆性材料时，磨屑与切削液混合成糊状，更容易使砂轮堵塞，影响砂轮的磨削性能。

4. 砂轮接长轴的刚度比较低，容易产生弯曲变形和振动，对加工精度和表面质量都有很大影响，同时也限制了磨削用量的提高。

二、工件的装夹

1. 用三爪自定心卡盘装夹和找正工件

（1）较短的套类工件的装夹和找正

用三爪自定心卡盘装夹较短的套类工件时，工件端面易倾斜，需用百分表找正（见图 3–5）。找正时先用百分表测量出工件端面跳动量，然后用铜棒敲击工件端面跳动量的最大处，直至跳动量符合要求为止。

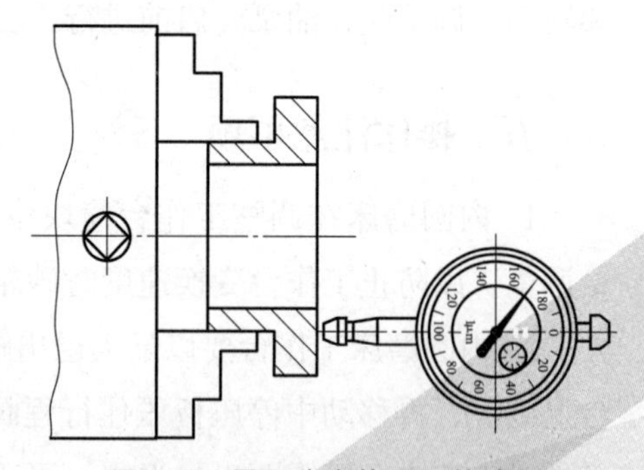

图 3–5　用百分表找正工件端面

（2）较长的套类工件的装夹和找正

装夹较长的套类工件时，工件的轴线容易发生偏斜，需要找正工件远离卡盘端外圆的径向圆跳

动。找正时用百分表测量出工件外圆跳动量的最大处（见图 3–6），然后用铜棒敲击跳动量最大处，直至跳动量符合要求为止。

（3）用三爪自定心卡盘反爪装夹工件

当工件外圆直径较大时，可采用三爪自定心卡盘反爪装夹工件（见图 3–7），其找正方法与上述相同。

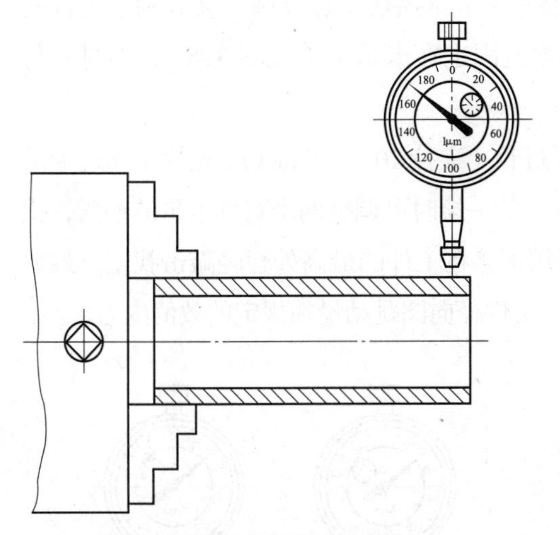

图 3–6　较长套类工件的找正

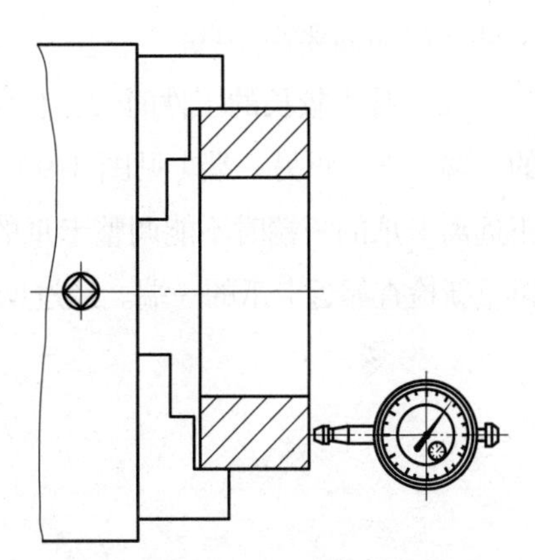

图 3–7　用三爪自定心卡盘反爪装夹工件

使用前需拆卸三爪自定心卡盘的卡爪，然后将其改为反爪形式。拆卸时用卡盘扳手将三个卡爪从卡盘体退出，清理卡爪、卡盘体和丝盘，并加润滑油，然后再将卡爪反向装入。

每个卡爪都有一个固定的位置（分别用钢印代号 1、2、3 表示），在卡盘体径向槽处把代号为“1”的卡爪推入卡盘体代号为“1”的径向槽中，用卡盘扳手转动丝盘，将螺扣旋进卡爪螺纹槽，然后依次在丝盘一周内装入其余两卡爪即可。操作时要注意使螺扣对准卡爪并适当用力，以便使卡爪螺纹能与丝盘啮合。

（4）三爪自定心卡盘的维护保养

1）经常保持卡盘、卡爪与丝盘啮合处的清洁。使用一段时间后，可将三个卡爪拆卸，以清除丝盘上的磨屑，保持卡爪移动灵活。

2）卡爪的夹持部分要注意保护，找正时不能敲击卡爪。

3）卡爪夹持表面有严重“塌角”时，允许做适当修磨，以提高卡盘的定心精度。

4）使用完毕需擦净卡盘并上油保养。

（5）注意事项

1）卡爪松夹时要防止工件脱落。

2）夹紧力要适当，要防止薄壁工件产生夹紧变形。

3）在卡爪和工件间可垫上铜衬片，这样既能避免卡爪损伤工件已加工表面，又有利于工件的找正。

4）工件的夹持部位不要太长，一般控制在 10 ~ 15 mm。

5）卡盘扳手用后即取下，以防开机后造成事故。

2. 用四爪单动卡盘装夹和找正工件

用四爪单动卡盘装夹工件可获得很高的定心精度，但找正比较麻烦。用四爪单动卡盘装夹找正时应注意以下几点。

（1）在卡爪和工件间垫上铜衬片，这样既能避免卡爪损伤工件外圆，又有利于工件的找正。较好的铜衬片可以制成 U 形，用较软的弹簧固定在卡爪上（见图 3–8），铜衬片与工件的接触面要小一些。

（2）装夹较长的工件时，工件装夹部分不要过长（夹持 10 ~ 15 mm）。先找正靠近卡爪的一端，再找正另一端（见图 3–9），找正靠近卡爪的一端时可调整两个对称卡爪的松紧，找正远离卡爪的一端时不能调整卡爪的松紧，只能用铜棒在工件的最高处轻轻敲击找正，最后再重新检查靠近卡爪的一端。经过反复找正，直到工件径向圆跳动量在规定的数值内为止。

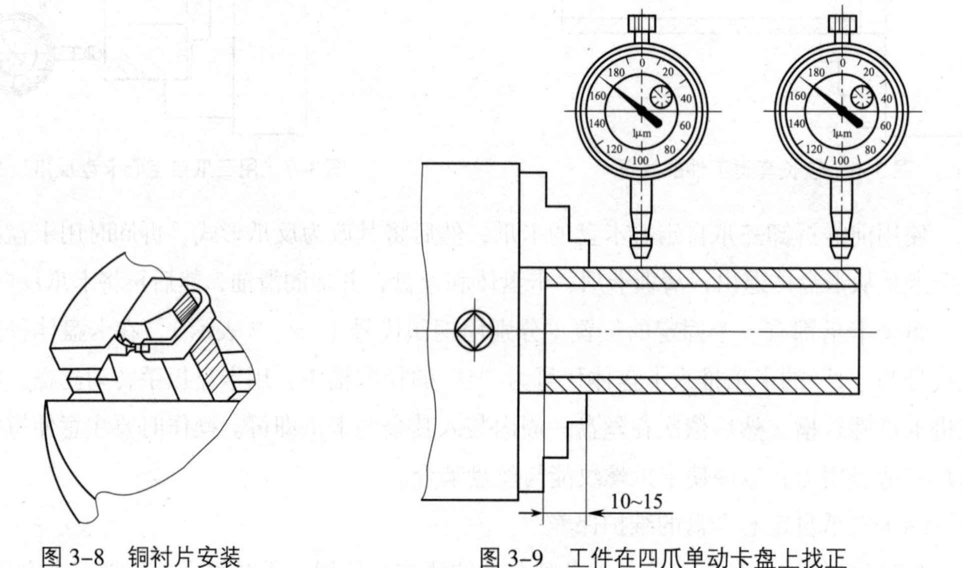

图 3–8　铜衬片安装　　图 3–9　工件在四爪单动卡盘上找正

（3）盘形工件一般以外圆和端面作为找正基准（见图 3–10），找正这类工件时，需要先找正端面再找正外圆。找正端面时，按百分表读数，端面哪一点高就用铜棒敲击哪一点。外圆的找正仍可调节卡爪的松紧。经反复找正后即可达到预定的要求。

三、砂轮与接长轴的选择

1. 内圆磨削砂轮的选择

（1）砂轮直径的选择

砂轮直径的选择在内圆磨削中是一个比较复杂的问题。一方面，为了获得较理想的磨削速度，应采用接近孔径尺寸的砂轮；另一方面，当砂轮直径增大后，砂轮与工件的接触

弧随之增大，使磨削热增大，冷却和排屑变得困难。为了获得良好的磨削效果，砂轮直径与孔径应有适当的比例，这一比值通常为 0.5 ~ 0.9。当工件孔径较小时，主要问题是砂轮圆周速度低，此时可取较大的比值；当工件孔径大于 100 mm 时，砂轮圆周速度较高，而发热量和排屑则成为主要问题，所以应取较小的比值。当工件内孔直径大于 100 mm 时，则要注意砂轮圆周速度不应超过砂轮的最快工作速度。内圆磨削砂轮直径的选择见表 3–2。

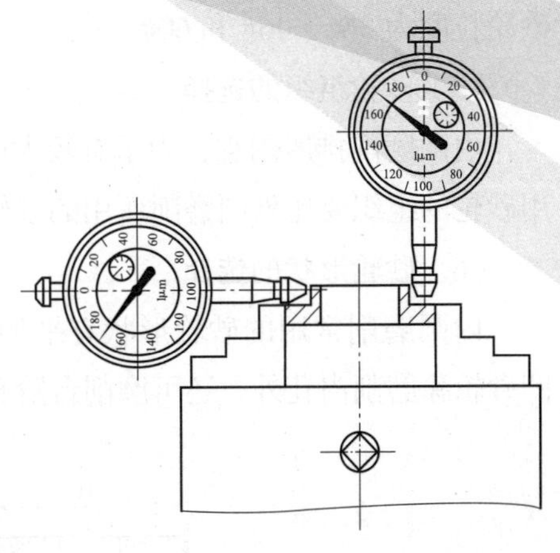

图 3–10　盘形工件在四爪单动卡盘上找正

表 3–2　内圆磨削砂轮直径的选择　mm

被磨削孔的直径	砂轮直径	被磨削孔的直径	砂轮直径
12 ~ 17	10	32 ~ 45	30
17 ~ 22	15	45 ~ 55	40
22 ~ 27	20	55 ~ 70	50
27 ~ 32	25	70 ~ 80	65

（2）砂轮宽度的选择

采用较宽的砂轮有利于提高工件表面质量和生产效率，并可降低砂轮的磨损。砂轮也不能选得太宽，否则会使磨削力增大，从而引起砂轮接长轴的弯曲变形。内圆磨削砂轮宽度的选择见表 3–3。

表 3–3　内圆磨削砂轮宽度的选择　mm

孔径磨削长度	14	30	45	> 50
砂轮宽度	10	25	32	40

（3）砂轮硬度的选择

内圆磨削的磨削弧较大，工件散热条件差，只有充分发挥砂轮的自锐性，才能减小磨削力和磨削热。所以应该选用较软的砂轮。通常内圆磨削用的砂轮比外圆磨削用的砂轮硬度要软，如硬度 J 等。在磨削长度较长的小孔时，为避免工件产生锥度，砂轮的硬度则不可太低，一般内圆磨削砂轮的硬度为 K、L。

（4）砂轮粒度的选择

为了提高磨粒的切削能力，同时避免烧伤工件，应选用较粗的粒度。内圆磨削常用的砂轮粒度为 36#、46# 和 60#。

（5）砂轮组织的选择

内圆磨削排屑困难，为了有较大的空隙来容纳磨屑，避免砂轮过早堵塞，内圆磨削所用砂轮的组织要比外圆磨削所用的砂轮疏松 1 ~ 2 号。

（6）砂轮形状的选择

内圆磨削常用的砂轮形状有平形（见图 3–11a）、单面凹（见图 3–11b）两种。单面凹砂轮除磨削内孔外，还可磨削台阶孔的端面。

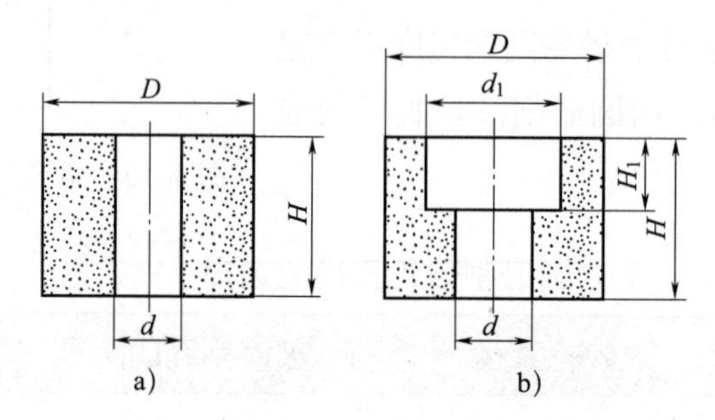

图 3–11　内圆砂轮

a）平形砂轮　b）单面凹砂轮

2. 内圆磨削接长轴的选择

在内圆磨床或万能外圆磨床上使用的接长轴如图 3–12 所示。

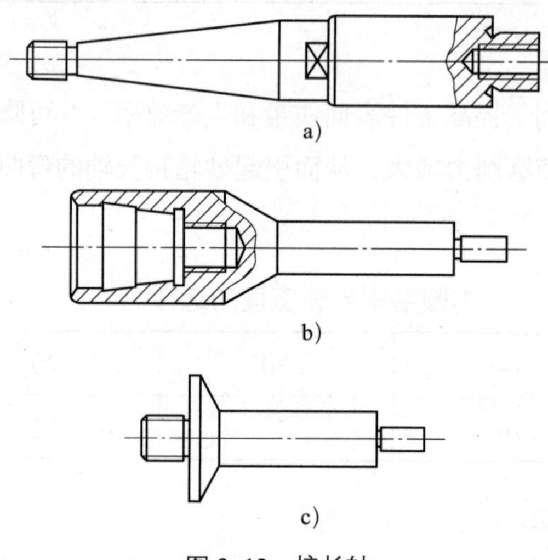

图 3–12　接长轴

a）带外锥的接长轴　b）带内锥的接长轴　c）带圆柱的接长轴

多数磨床使用带外锥的砂轮接长轴，锥体规格一般是莫氏锥度或米制 1∶20 的圆锥。接长轴一般用 40Cr 钢制造，并经过淬火，采用高速钢 W18CrV 则刚度更高。

接长轮轴尺寸要根据机床内圆磨具内锥孔的直径而定，接长轴圆柱体直径则根据内圆砂轮的直径来确定，长度根据被磨工件的长度来确定。其原则是使接长轴尽可能短而粗，

以提高刚度和磨削效率。接长轴悬伸长度只要在装上砂轮后略大于工件磨削长度即可，但注意不能与磨床其他装置发生碰撞。

3. 砂轮的安装

内圆砂轮一般都安装在砂轮接长轴的一端，而接长轴的另一端与磨头主轴连接，也有些磨床的内圆砂轮直接安装在内圆磨具的主轴上。砂轮紧固有用螺纹紧固和用黏结剂紧固两种方法，如图 3–13 所示。

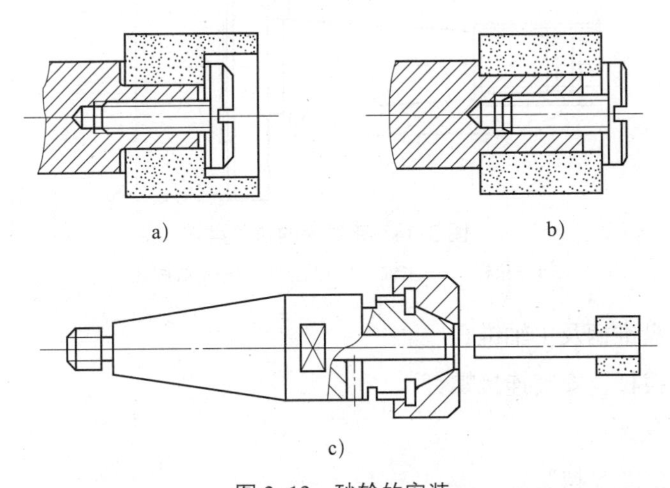

图 3–13　砂轮的安装

a、b）用螺纹紧固　c）用黏结剂紧固

（1）用螺纹紧固

用螺纹紧固是较常用的砂轮安装方法，如图 3–13a、图 3–13b 所示。由于螺纹有较大的夹紧力，因此可以使砂轮安装得比较牢固。

（2）用黏结剂紧固

磨削 ϕ15 mm 以下小孔时，砂轮常用黏结剂紧固，如图 3–13c 所示。

常用的黏结剂是用磷酸和氧化铜粉末调配而成的一种糊状混合物。黏结时，接长轴与砂轮内孔应有 0.2 ~ 0.3 mm 的间隙。为提高砂轮的黏结程度，可以将接长轴的外圆压成网纹状。黏结剂应充满砂轮与接长轴外圆之间的间隙，待自然干燥或烘干冷却 5 min 左右即可。

黏结剂的配方有很多，例如，有的企业用万能胶黏结，但砂轮磨削时发热，会导致砂轮脱落，也有采用硫黄作为黏结剂，方法是将硫黄化成液体后涂在接长轴与砂轮内孔之间，冷却 5 min 左右即可使用。

四、磨床部件的调整

1. 卡盘与磨床主轴的连接

卡盘通常用法兰盘与磨床主轴连接。法兰盘以定心圆柱与卡盘的止口配合，并用螺钉

紧固。

（1）M1432A 型万能外圆磨床卡盘的连接

M1432A 型万能外圆磨床卡盘采用带锥柄的法兰盘连接，如图 3–14 所示。

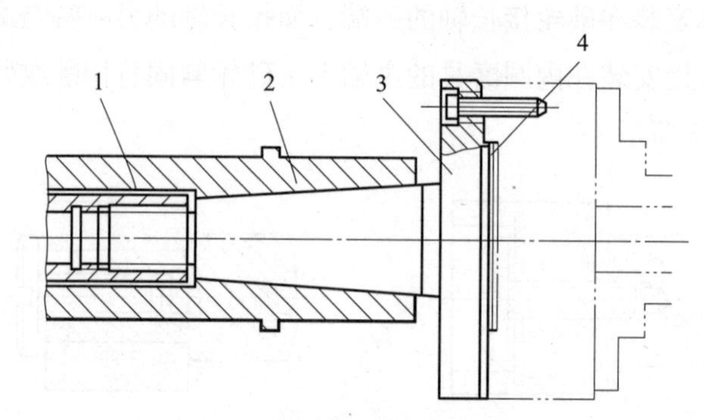

图 3–14　带锥柄的法兰盘

1—拉杆　2—主轴　3—法兰盘　4—定心圆柱

1）擦净法兰盘锥柄及主轴锥孔。

2）拆卸头架拨杆，安装连接螺钉。

3）装入法兰盘。

4）用拉杆将法兰盘拉紧。

（2）连接时应注意的事项

1）卡盘与法兰盘连接表面应光滑。

2）不能用锤子敲击卡盘。

3）安装时可在工作台上放一块木板，以防卡盘脱落损伤工作台面。

2. 砂轮位置的调整

砂轮与工件孔壁的接触位置由磨床横向进给机构决定。在 M1432A 型万能外圆磨床上磨内孔时，砂轮与孔的前壁接触（在操作者一侧）（见图 3–15）。前面接触时，砂轮的进给方向与磨外圆时进给方向一致，因此操作方便，并可使用自动进给进行磨削。

在 M2110A 型内圆磨床上磨内孔时，砂轮与孔的后壁接触（在操作者对面）（见图 3–16）。后面接触时，便于观察加工表面，但砂轮横向进给机构在进给方向上与万能外圆磨床相反。

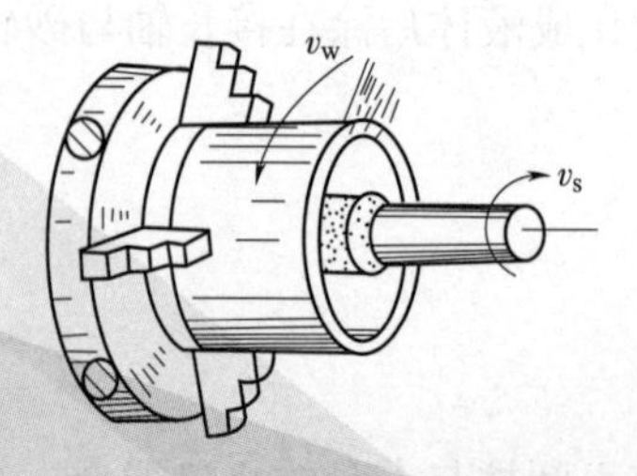

图 3–15　万能外圆磨床上砂轮的磨削位置

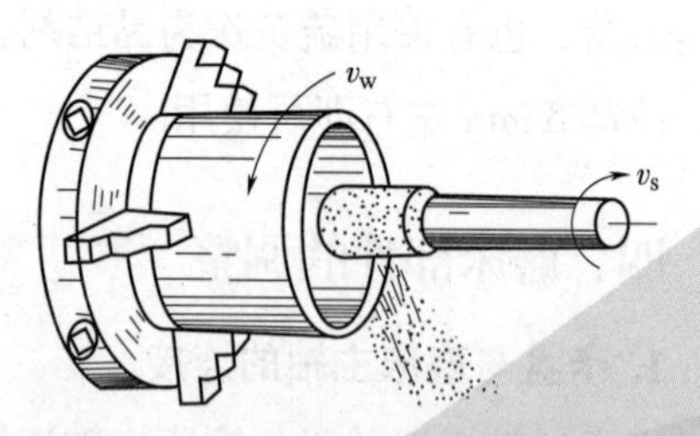

图 3–16　内圆磨床上砂轮的磨削位置

3. 头架的调整

磨削圆柱孔时，须调整头架主轴轴线与工作台纵向运动方向平行。通常可用对刀试磨法找正头架。

4. 砂轮接长轴在内圆磨具主轴上的拆装

砂轮接长轴装在内圆磨具主轴孔内，由接长轴锥体部分与主轴内锥孔相配合，接长轴螺纹与主轴内螺纹紧固。紧固方法如下。

（1）将砂轮接长轴旋进内圆磨具主轴锥孔内，使接长轴锥体部分与主轴内锥孔相配合。

（2）用扁形孔扳手插入内圆磨具右端靠带轮的扁槽内，用手夹紧。

（3）用另一把活扳手或呆扳手夹住接长轴，按顺时针方向旋紧。

拆卸时方法相同但转动方向相反。

五、磨削余量的确定和磨削用量的选择

内圆磨削时分粗磨和精磨，磨削用量对于提高加工精度和生产效率往往有决定性的影响。粗磨时可采用较大的切削用量，磨除大部分加工余量。精磨时可以使砂轮接长轴在最小的弹性变形状态下工作，以提高磨削的精度。

内圆磨削的加工余量见表 3–4，其中粗磨留给精磨的余量一般可以取 0.04 ~ 0.08 mm。

表 3–4　内圆磨削的加工余量　mm

孔径范围		孔长								粗磨后精磨前
		最后磨削未经淬火的孔				最后磨削前经淬火的孔				
		50以下	50 ~ 100	100 ~ 200	200 ~ 300	50以下	50 ~ 100	100 ~ 200	200 ~ 300	
		加工余量								
≤ 10	最大	—	—	—	—	—	—	—	—	0.020
	最小	—	—	—	—	—	—	—	—	0.015
11 ~ 18	最大	0.22	0.25	—	—	0.25	0.28	—	—	0.030
	最小	0.12	0.13	—	—	0.15	0.18	—	—	0.020
19 ~ 30	最大	0.28	0.28	—	—	0.30	0.30	0.35	—	0.040
	最小	0.15	0.15	—	—	0.18	0.22	0.25	—	0.030
31 ~ 50	最大	0.30	0.30	0.35	—	0.35	0.35	0.40	—	0.050
	最小	0.15	0.15	0.20	—	0.20	0.25	0.28	—	0.040
51 ~ 80	最大	0.30	0.32	0.35	0.40	0.40	0.40	0.45	0.50	0.060
	最小	0.15	0.18	0.20	0.35	0.25	0.28	0.30	0.35	0.050

续表

孔径范围		孔长								粗磨后精磨前
		最后磨削未经淬火的孔				最后磨削前经淬火的孔				
		50以下	50～100	100～200	200～300	50以下	50～100	100～200	200～300	
		加工余量								
81～120	最大	0.37	0.40	0.45	0.50	0.50	0.50	0.55	0.60	0.070
	最小	0.20	0.20	0.25	0.30	0.30	0.30	0.35	0.40	0.050
121～180	最大	0.40	0.42	0.45	0.50	0.55	0.60	0.65	0.70	0.080
	最小	0.25	0.25	0.25	0.30	0.35	0.40	0.45	0.50	0.060
181～260	最大	0.40	0.48	0.50	0.55	0.60	0.65	0.70	0.75	0.090
	最小	0.25	0.30	0.30	0.35	0.40	0.45	0.50	0.55	0.065

用纵向法磨削时要正确选择磨削用量。首先，砂轮的横向进给量要选择适当，因为砂轮接长轴刚度低，若横向进给量大，则会引起接长轴的弯曲变形和振动。

内圆磨削用量见表3–5。其中纵向进给量可选择比外圆磨削大一些，因为内圆磨削时冷却条件差，加大纵向进给量后，可以缩短砂轮在某一磨削区域与工件的接触时间，在一定程度上改善散热条件。

表3–5　内圆磨削用量　mm

磨削方法及工件材料	磨孔直径与长度之比				
	4∶1	2∶1	1∶1	1∶2	1∶3
	纵向进给量（以砂轮宽度计）				
粗磨圆钢	0.75～0.6	0.7～0.6	0.6～0.5	0.5～0.45	0.45～0.4
粗磨淬火钢	0.7～0.6	0.7～0.6	0.6～0.5	0.5～0.4	0.45～0.4
粗磨铸铁及青铜	0.8～0.7	0.7～0.65	0.65～0.55	0.55～0.5	0.5～0.45
粗磨各种金属	0.25～0.4	0.25～0.35	0.25～0.35	0.25～0.35	0.25～0.35
磨削方法及工件材料	磨孔直径				
	20～40	41～70	71～150	151～200	201～30
	工作台往复一次的背吃刀量				
粗磨圆钢	0.006～0.007	0.010～0.012	0.012～0.015	0.016～0.020	0.018～0.023
粗磨淬火钢	0.005～0.007	0.007～0.010	0.010～0.012	0.015～0.018	0.018～0.020
粗磨铸铁及青铜	0.007～0.010	0.012～0.014	0.014～0.018	0.020～0.025	0.022～0.030
精磨各种金属	0.002～0.003	0.003～0.005	0.005～0.008	0.008～0.009	0.009～0.010

六、磨削方法及加工步骤

内圆磨削常用纵向磨削法和切入磨削法。

1. 纵向磨削法

这种磨削方法与外圆纵向磨削法相同。磨削通孔时，首先根据工件孔径和长度选择砂轮直径和接长轴。接长轴的刚度要高，其长度只需略大于孔的长度即可。通孔一般可用纵向法磨削，磨削时要合理调整工作台的行程。工作台的行程应根据工件长度和砂轮在工件孔口的越出长度计算（见图 3–17）。砂轮在工件孔口越出长度取砂轮宽度 B 的 1/3 ~ 1/2 为宜，以防止工件磨成喇叭口。

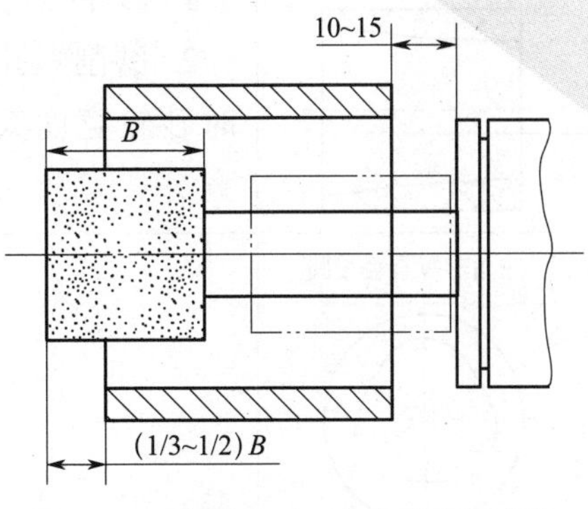

图 3–17　磨通孔时工作台的行程调整

2. 切入磨削法

这种磨削方法与外圆切入磨削法相同，适用于磨削内孔长度较短的工件，生产效率较高。

采用切入法磨削时，接长轴的刚度要高，砂轮在连续进给中容易堵塞、磨钝，应及时修整砂轮。精磨时应采用较低的切入速度。

3. 加工步骤

（1）在三爪自定心卡盘或四爪单动卡盘上装夹工件并进行找正。

（2）根据工件孔径及长度选择合适的砂轮及接长轴。

（3）调整撞块距离，使内圆磨削砂轮在工件两端越出的长度为砂轮宽度的 1/3 ~ 1/2。

（4）粗修砂轮。

（5）在工件内孔两端对刀试磨，根据误差值调整磨床工作台或主轴箱。

（6）采用纵向磨削法磨削工件内孔，使内孔磨出粗磨余量的 2/3 以上。

（7）用内径百分表测量孔的圆柱度误差，根据误差值调整磨床。

（8）继续磨削内孔，磨出后重新测量和调整磨床；通过数次测量、调整与磨削，使工件圆柱度符合图样要求。

（9）磨去粗磨余量，留精磨余量 0.05 mm 左右。

（10）根据图样要求精修砂轮。

（11）精磨内孔，磨出后再精确测量内孔的圆柱度和表面粗糙度，如不符合要求，则精细地调整磨床并重新修整砂轮，直至符合要求为止。

（12）磨去精磨余量，使尺寸符合图样要求。

七、磨削通孔时常见缺陷分析

磨削通孔时常产生的缺陷及分析见表 3–6，磨削时应注意克服。

表 3–6　　　　磨削通孔时常产生的缺陷及分析

工件缺陷	砂轮	磨削用量	磨床	其他
喇叭口 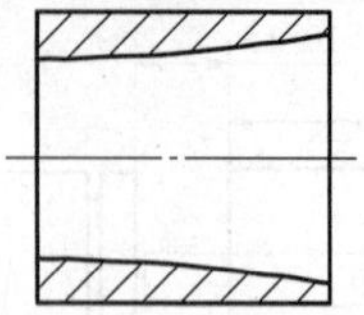	1. 砂轮钝化 2. 磨削短孔时砂轮宽度太宽	纵向进给量不均匀	磨床工作台撞块调整不当，砂轮越出孔口太多	
三角形等直径棱圆 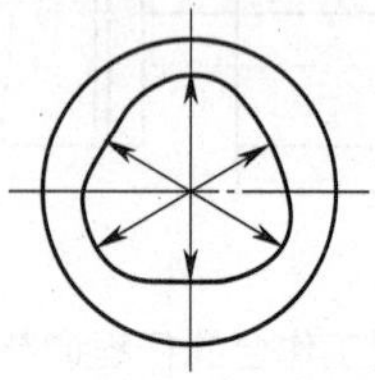				薄壁套用三爪自定心卡盘装夹时夹紧力太大
圆柱度误差 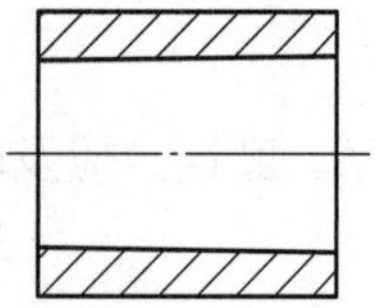	1. 砂轮钝化 2. 砂轮太软	1. 纵向进给量不均匀 2. 横向进给量太大	1. 接长轴刚度太低 2. 头架或工作台未找正 3. 工作台撞块调整不当	切削液不充足
螺旋进给痕迹 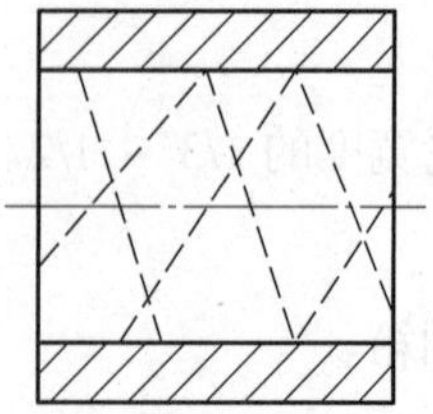	1. 砂轮钝化 2. 砂轮太硬	1. 纵向进给量太大 2. 横向进给量太大	1. 接长轴刚度太低 2. 工作台爬行 3. 内圆磨具主轴轴向窜动	切削液不充足
多角形振痕 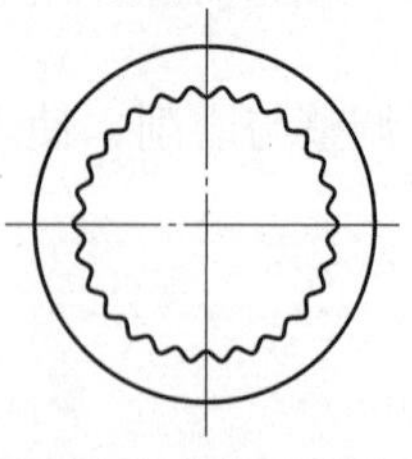	1. 砂轮钝化 2. 砂轮太硬	1. 工件圆周速度太高 2. 横向进给量太大	1. 内圆磨具主轴振动 2. 接长轴刚度低	
圆度误差 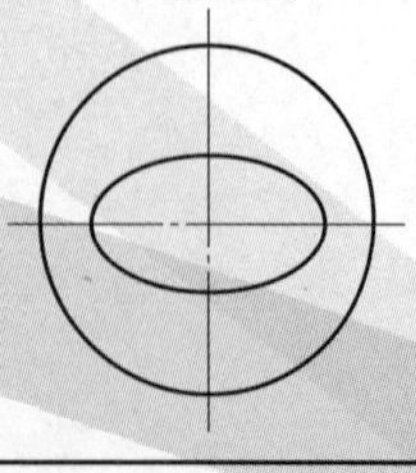	砂轮钝化	横向进给量太大	1. 头架主轴轴承精度降低 2. 内圆磨具主轴轴承精度降低	1. 薄壁套装夹时变形 2. 切削液不充足

八、磨削套筒零件

1. 技术要求

如图3–18所示套筒，其材料为HT200，内孔 $\phi 40^{+0.016}_{0}$ mm，表面粗糙度值 *Ra* 为0.8 μm，是零件的设计基准。外圆 $\phi 70^{0}_{-0.019}$ mm与 $\phi 40^{+0.016}_{0}$ mm孔的同轴度公差为 ϕ0.015 mm，表面粗糙度值 *Ra* 为0.4 μm；外圆 $\phi 50^{+0.20}_{0}$ mm的表面粗糙度值 *Ra* 为0.4 μm；台阶面的垂直度公差为0.02 mm，表面粗糙度值 *Ra* 为0.4 μm。槽的尺寸为 $\phi 60^{0}_{-0.10}$ mm × $50^{+0.20}_{0}$ mm，表面粗糙度值 *Ra* 为0.8 μm。

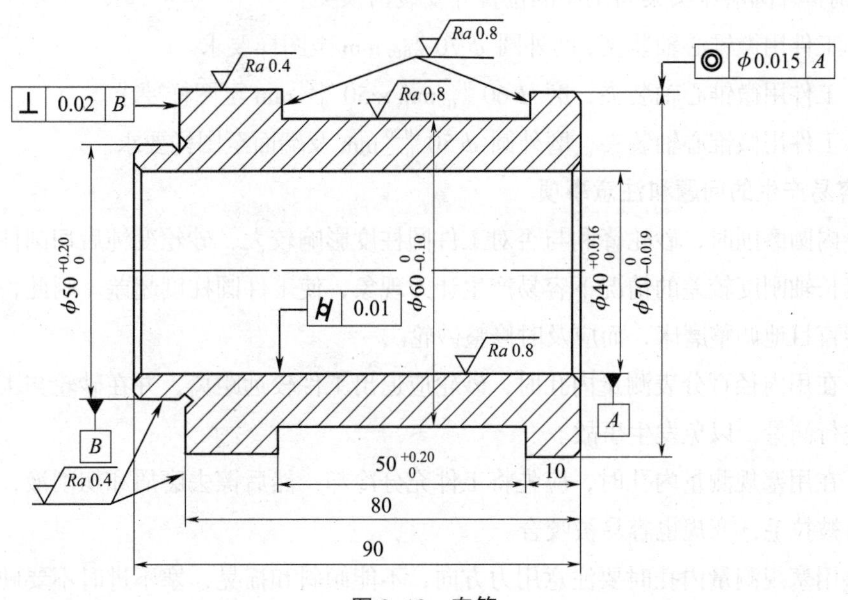

图3–18　套筒

2. 加工步骤

（1）磨削方法

该工件加工表面较多，为保证同轴度公差要求。可以采用先磨内孔，再以内孔定位磨外圆的磨削工艺。内孔采用纵向磨削法磨削，外圆采用切入法磨削。

（2）定位和夹紧

外圆磨削的定位基准面为 $\phi 40^{+0.016}_{0}$ mm的内孔，工件用微锥心轴装夹。内圆磨削时工件用三爪自定心卡盘装夹。找正时应保证各加工表面的磨削余量均匀。

（3）背吃刀量 a_p

粗磨时 a_p=0.01 mm；精磨时 a_p=0.005 mm。工件纵向进给量的控制一般是通过调节工作台的运动速度来实现的。

（4）磨削步骤

1）用三爪自定心卡盘装夹工件。

2）找正工件外圆 $\phi 70^{0}_{-0.019}$ mm处，径向圆跳动误差不大于0.005 mm。

3）修整砂轮。

4）检查内圆磨削加工余量。

5）调整工作台行程撞块位置，砂轮越出孔口长度为 15 ~ 20 mm。

6）粗磨内圆。

7）精修整砂轮，最后光磨 2 ~ 3 次。

8）精磨内圆，保证尺寸 $\phi 40^{+0.016}_{0}$ mm，圆柱度公差不大于 0.01 mm，表面粗糙度值 $Ra \leqslant 0.8$ μm。

9）调整外圆磨床头架与尾座的位置并安装两顶尖。

10）工件用微锥心轴装夹，磨外圆 $\phi 70^{0}_{-0.019}$ mm 至图样要求。

11）工件用微锥心轴装夹，磨 $\phi 60^{0}_{-0.10}$ mm × $50^{+0.20}_{0}$ mm 至图样要求。

12）工件用微锥心轴装夹，磨外圆 $\phi 50^{+0.20}_{0}$ mm 及端面至图样要求。

3. 容易产生的问题和注意事项

（1）内圆磨削时，砂轮锋利与否对工件圆柱度影响较大，砂轮变钝后切削性能明显下降，在接长轴刚度较差的情况下容易产生让刀现象，使工件圆柱度超差。因此，在这种情况下不能盲目地调整磨床，而应及时修整砂轮。

（2）在用内径百分表测量内孔时，砂轮应退出工件较远距离，并在砂轮与工件停止旋转后再进行测量，以免发生事故。

（3）在用塞规测量内孔时，应先将工件充分冷却，然后擦去磨屑和切削液，否则工件孔壁容易被拉毛，塞规也容易被咬合。

（4）用塞规测量内孔时要注意用力方向，不能倾斜和摇晃，塞不进时不要硬塞，否则工件容易松动，影响加工精度。塞规退出内孔时，要注意用力不能太猛，防止塞规或手撞到砂轮上。

课题三　台阶孔及不通孔磨削

一、磨削特点

1. 磨削台阶孔和不通孔时行程距离的调整比通孔磨削困难。有的内孔虽有退刀槽，但距离较窄，目测不方便，调整时稍不注意就会使砂轮与工件端面碰撞，使砂轮碎裂或者磨削时无法清角。

2. 磨削时，冷却与排屑比通孔磨削效果差，工件容易发热，磨屑容易堵塞砂轮，使砂轮变钝。

3. 不通孔磨削不能在一次装夹中完成，须经过两次装夹和磨削，从而增加了加工

难度；当两孔有同轴度要求时，对外圆基准就有一定的精度要求，装夹和找正比台阶孔困难。

二、台阶孔和不通孔磨削砂轮的选择和修整

1. 砂轮的选择

一般选用带台阶的内圆砂轮，在磨台阶孔时，砂轮的直径要小于最小孔的孔径。

2. 砂轮的修整

台阶砂轮除了修整外圆，还需修整外端面，可用砂条或砂轮块将端面修成内凹的平面，如图 3–19 所示，以减小砂轮与工件的接触面积，提高加工质量。

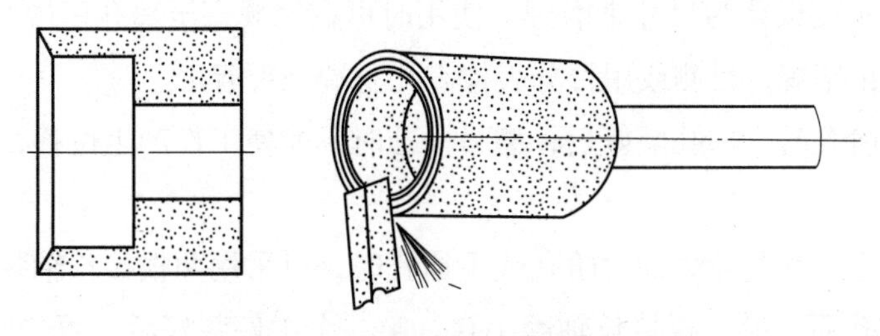

图 3–19　将砂轮端面修成内凹形

三、台阶孔和不通孔磨削撞块距离的调整

1. 用钢直尺或游标卡尺测量工件内孔外端面到内端面的距离。

2. 根据所测尺寸在砂轮接长轴相应的长度上用粉笔或显示剂做一标记。

3. 调整撞块位置，使砂轮在里端位置不碰撞工件内端面，外端越出工件 1/3 ~ 1/2 的砂轮宽度，如图 3–20 所示。

四、台阶孔和不通孔的磨削方法

台阶孔和不通孔的磨削方法与通孔的磨削方法基本相同。在磨削不通孔时，砂轮在工件里端换向时应有一定时间的停留，以磨完工件圆周。在磨削台阶孔时，内孔要在一次装夹中磨完，方可卸下工件。

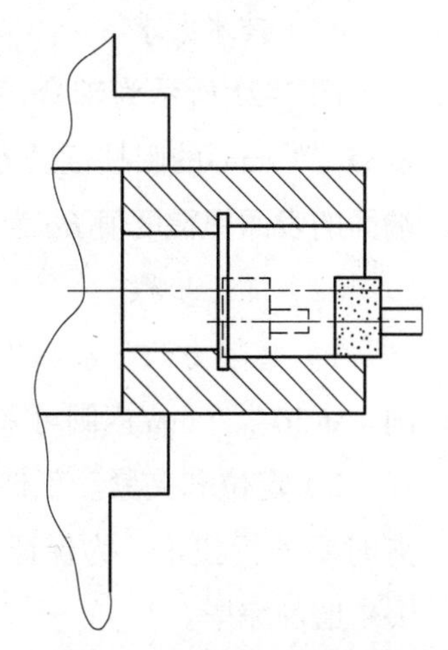

图 3–20　磨台阶孔时工作台行程的调整

1. 台阶端面的磨削

台阶端面的磨削包括内端面磨削和外端面磨削。内端面磨削的加工步骤如下。

（1）调整砂轮横向进给位置，使砂轮在内孔磨削位置上退出 0.3 ~ 0.5 mm 的距离。

（2）移动工作台，使砂轮接近工件内端面。

（3）开启砂轮与工件，手摇工作台做纵向微量进给，使砂轮端面磨到工件内端面。

（4）磨削内端面至图样要求。

外端面磨削比较简单，只要将砂轮移到工件外端面的一侧，然后手摇工作台做纵向微量进给，使砂轮端面磨到工件外端面直至图样要求。

2. 注意事项

（1）在磨削不通孔和台阶孔里端前调整撞块距离时要细心调节，每次微调量要小，以免砂轮撞到孔内端面使砂轮碎裂。撞块位置未调好不能开启砂轮，以防止工件被磨坏。

（2）台阶砂轮较薄，每次的修整量应尽可能小，以延长使用寿命，减少辅助时间。

（3）用塞规测量不通孔尺寸时，会产生塞规塞不到底的感觉，这是孔内空气被压缩产生阻力的缘故，不要误认为尺寸未磨到。使用时可在塞规塞至离孔里端 2 ~ 3 mm 时即停止检验，然后拔出塞规，目测或用百分表检查孔里端是否清角。

（4）在磨台阶孔时，一孔磨好后，磨另一孔时不能使工件产生位移，以保证工件的同轴度。

（5）磨两孔直径相差较大的台阶孔或不通孔时，可采用两根接长轴装上直径相适应的砂轮。在磨好大孔后，换一根接长轴磨小孔。第二个工件装好后，可先磨小孔再磨大孔，这样可节省一次装夹接长轴的时间。

（6）磨长度较短的台阶孔时应选用宽度较小的砂轮，砂轮越出右端孔口不宜太多，以免工件产生喇叭口。

（7）磨削工件外端面时，砂轮端面应在工件单侧方向上磨削，以保证工件端面的垂直度。

五、磨削零件

1. 磨削轴套台阶孔

（1）技术要求

图 3–21 所示为轴套，其材料为铸铁，$\phi 30^{+0.021}_{0}$ mm 内孔的同轴度公差为 ϕ0.01mm，$\phi 35^{+0.016}_{0}$ mm 的圆柱度公差为 0.05 mm，两内孔与台阶端面的表面粗糙度值 Ra 为 0.8 μm。

（2）加工步骤

1）磨削方法。$\phi 35^{+0.016}_{0}$ mm 内圆可采用纵向法磨削，$\phi 30^{+0.021}_{0}$ mm 内圆可采用切入法磨削。

2）定位和夹紧。工件用三爪自定心卡盘装夹，装夹时要进行找正。为保证同轴度公差，工件在一次装夹中磨削完毕。

3）磨削步骤

①三爪自定心卡盘装夹工件。

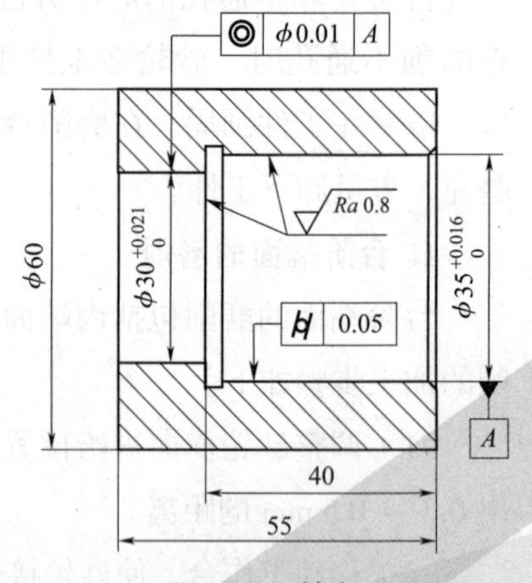

图 3–21　轴套

②找正工件外圆，径向圆跳动误差不大于 0.005 mm。

③修整砂轮。

④检查内圆磨削余量。

⑤调整工作台行程撞块位置，控制砂轮在内孔退刀槽处的位置。

⑥粗磨 $\phi 35^{+0.016}_{0}$ mm 内孔，磨至 $\phi 34.95^{+0.03}_{+0.01}$ mm，圆柱度公差不大于 0.05 mm，表面粗糙度值 $Ra \leqslant 0.8$ μm。

⑦粗磨台阶孔端面。磨削时砂轮横向退出 0.2 mm 左右，然后缓慢进给，观察磨削火花情况，磨光即可。

⑧调整工作台行程撞块位置，砂轮越出孔口长度为 15 ~ 20 mm。

⑨粗磨 $\phi 30^{+0.021}_{0}$ mm 内孔，磨至 $\phi 29.95^{+0.03}_{+0.01}$ mm，同轴度误差不大于 $\phi 0.01$ mm，表面粗糙度值 $Ra \leqslant 0.8$ μm。

⑩调整工作台行程撞块位置，控制砂轮在 $\phi 35^{+0.016}_{0}$ mm 内孔退刀槽处的位置。

⑪精修砂轮外圆，将端面修成内凹形。

⑫精磨 $\phi 35^{+0.016}_{0}$ mm 内孔至图样要求，圆柱度公差不大于 0.05 mm，表面粗糙度值 $Ra \leqslant 0.8$ μm。

⑬精磨台阶孔端面，表面粗糙度值 $Ra \leqslant 0.8$ μm。

⑭调整工作台行程撞块位置，砂轮越出孔口长度为 15 ~ 20 mm。

⑮精磨 $\phi 30^{+0.021}_{0}$ mm 内孔至图样要求，同轴度误差不大于 $\phi 0.01$ mm，表面粗糙度值 $Ra \leqslant 0.8$ μm。

2. 磨削轴承套筒

（1）技术要求

如图 3–22 所示为轴承套筒，其材料为 45 钢，淬火后硬度为 48 ~ 52HRC。$\phi 80^{-0.06}_{-0.08}$ mm 外圆的圆度公差为 0.005 mm，表面粗糙度值 Ra 为 0.8 μm 和端面为 0.4 μm。两处 $\phi 61^{+0.020}_{+0.005}$ mm 内圆的圆度公差为 0.005 mm，径向圆跳动公差为 0.01 mm，表面粗糙度值 Ra 为 0.8 μm 和端面为 1.6 μm。台阶尺寸为 $35^{+0.05}_{0}$ mm，垂直度公差为 0.005 mm。

（2）加工步骤

1）磨削方法。工件外表面形状简单，内表面为两台阶孔，且两孔间有位置公差要求。所以先磨外圆，然后以外圆为定位基准磨削内孔。

2）磨削用量。粗磨时背吃刀量 $a_p = 0.01$ mm，精磨时背吃刀量 $a_p = 0.005$ mm。工件纵向进给量的控制一般都是通过调节工作台的运动速度来实现。

3）定位和夹紧。内圆磨削的定位基准面为 $\phi 80^{-0.06}_{-0.08}$ mm 外圆，工件用三爪自定心卡盘装夹。因为是精基准，所以装夹时在卡爪与工件表面间应垫入铜片，以免夹伤工件。外圆磨削的定位基准面为 60° 圆锥面，工件用顶尖式心轴装夹。

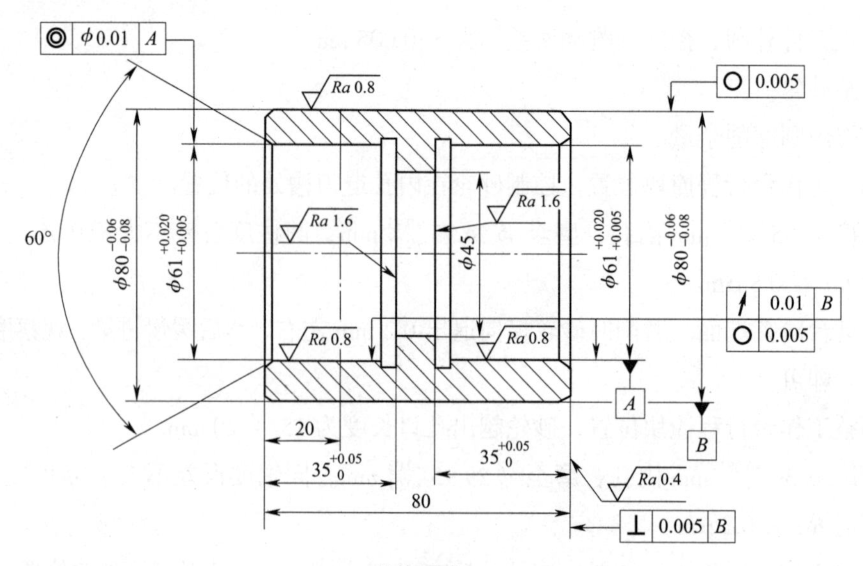

技术要求

材料为45钢，淬火后硬度为48~52HRC。

图 3–22　轴承套筒

4）磨削步骤

①研磨 60°孔口锥面。

②找正头架和尾座的中心，不允许偏移。

③粗修砂轮。

④测量工件尺寸，计算磨削余量和圆度误差值。

⑤工件用顶尖式心轴装夹，磨外圆 $\phi 80_{-0.08}^{-0.06}$ mm 至图样要求，左端 20 mm 长度内磨至 $\phi 80_{-0.08}^{-0.06}$ mm。

⑥调整内圆磨床主轴箱主轴转速，并配置合适的砂轮接长轴。

⑦工件用三爪自定心卡盘装夹，找正外圆径向圆跳动量在 0.003 mm 内。

⑧粗、精磨一端内孔 $\phi 60_{+0.005}^{+0.020}$ mm 至图样要求，磨削台阶面 $35_{0}^{+0.05}$ mm 至图样要求。

⑨掉头用三爪自定心卡盘装夹，找正外圆径向圆跳动量在 0.01 mm 内。

⑩粗、精磨另一端内孔 $\phi 61_{+0.005}^{+0.020}$ mm 至图样要求，磨削台阶面 $35_{0}^{+0.05}$ mm 至图样要求。

5）注意事项

①磨削内孔时要充分冷却，以减小工件的热变形。

②磨削台阶面时需将砂轮端面修成内凹形。

3. 磨削轴套

（1）技术要求

如图 3–23 所示为轴套，其材料为 45 钢，调质处理后硬度为 250HBW。外圆尺寸为 ϕ60f7 mm、ϕ68h6 mm，表面粗糙度值 *Ra* 为 0.4 μm。内圆尺寸为 ϕ40H7 mm，表面粗糙度值 *Ra* 为 0.4 μm。台阶面尺寸为 $10_{0}^{+0.04}$ mm、$15_{0}^{+0.04}$ mm、$5_{0}^{+0.04}$ mm，表面粗糙度值 *Ra* 为

0.4 μm。两内孔的同轴度公差为 ϕ0.005 mm，两端面的平行度公差为 0.005 mm，台阶的轴向圆跳动公差为 0.005 mm。

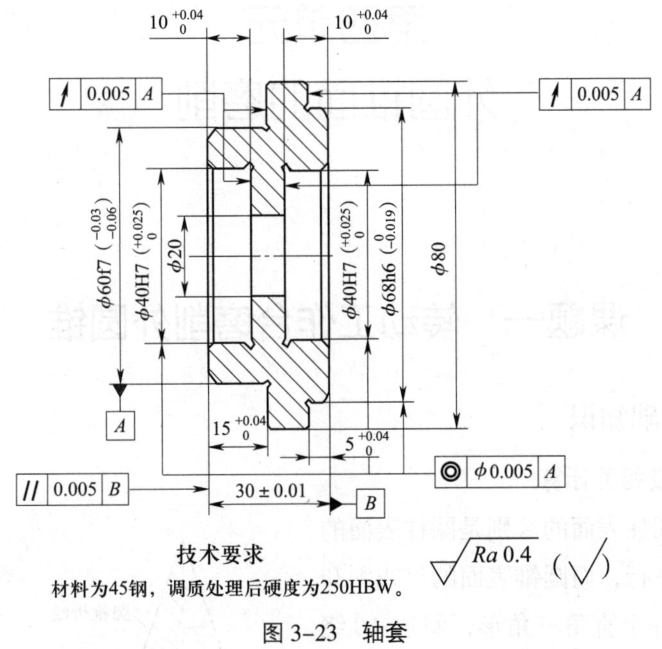

图 3–23 轴套

（2）加工步骤

1）磨削方法。各表面精度要求较高，可分为粗磨、精磨，以满足加工要求。

2）定位和夹紧。平面磨削时，工件用电磁吸盘装夹。内、外圆磨削时，工件用四爪单动卡盘装夹。

3）磨削步骤

①在平面磨床上粗、精磨两端面至图样要求。

②在万能外圆磨床上，工件用四爪单动卡盘装夹，找正轴向圆跳动量在 0.003 mm 以内，粗、精磨外圆 ϕ68h6 mm 及台阶面至图样要求。

③掉头，粗、精磨外圆 ϕ60f7 mm 及台阶面至图样要求。

④在万能外圆磨床上，工件用四爪单动卡盘装夹，找正轴向圆跳动量在 0.003 mm 以内，粗、精磨内圆 ϕ40H7 mm 及台阶面至图样要求。

⑤掉头，粗、精磨内圆 ϕ40H7 mm 及台阶面至图样要求。

（3）注意事项

1）内圆采用切入磨削法磨削。

2）磨削内台阶面时，砂轮端面要修成内凹面。

第四单元
外圆锥面的磨削

课题一　转动工作台磨削外圆锥

一、圆锥基础知识

1. 圆锥表面及相关计算

圆锥表面和圆柱表面的区别是圆柱表面的母线与轴中心线平行，而圆锥表面的母线则和轴中心线相交。一个直角三角形，斜边 AB 绕着它的直角边 AO 旋转一周所形成的几何体，即为圆锥体（见图 4–1a）。AO 边称为圆锥的轴，AB 边称为圆锥的母线，AB 边旋转一周形成的面叫作圆锥面。

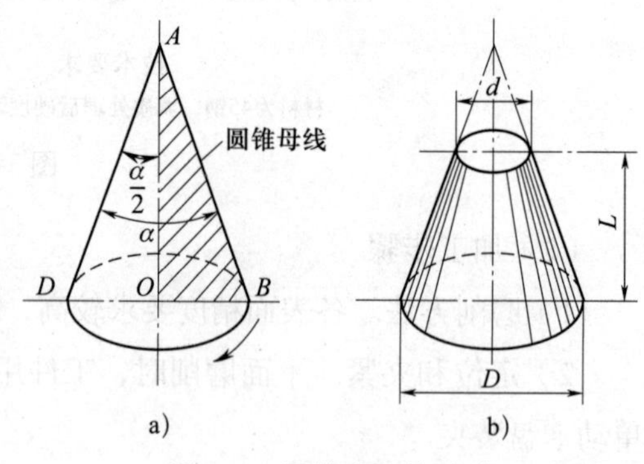

图 4–1　圆锥表面的形成

垂直于圆锥轴线，将圆锥体截成两段，去其顶部，余下部分为一正截圆锥，由大端直径 D、小端直径 d 和圆锥长度 L 三部分尺寸组成（见图 4–1b），由这三个尺寸可以计算出其他尺寸参数，如圆锥体的圆锥角 α、圆锥体的圆锥半角 $\alpha/2$，圆锥体的锥度 C（见图 4–2）。

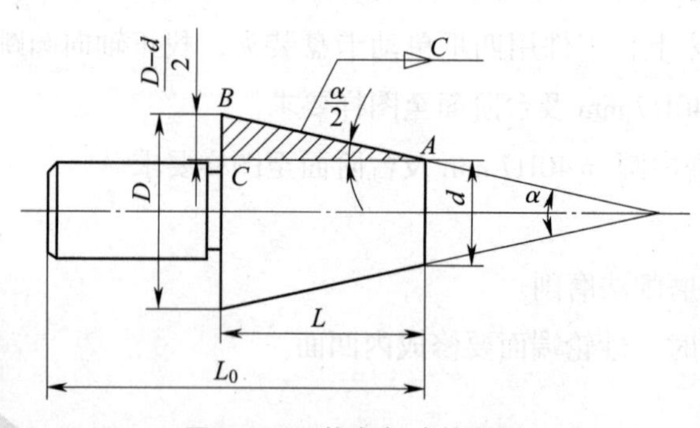

图 4–2　圆锥各部分的名称

圆锥体大端直径、小端直径之差与圆锥长度之比叫作锥度，即

$$C=\frac{D-d}{L}$$

圆锥体大、小端直径之差的一半与圆锥长度之比叫作圆锥半角，即

$$\tan\frac{\alpha}{2}=\frac{D-d}{2L}$$

锥度和圆锥半角的关系：$C=2\tan\frac{\alpha}{2}$

一般在图样上，圆锥只标出三个尺寸参数，加工中如需要其他尺寸参数，可以根据上述关系式求出。

例 1　有一圆锥体，$C=1:12$，$d=30$ mm，$L=48$ mm，求 D。

解　$D=d+KL=30\text{ mm}+\frac{1}{12}\times 48\text{ mm}=34\text{ mm}$

例 2　有一圆锥体，$D=28$ mm，$d=24$ mm，$L=40$ mm，求 C、$\frac{\alpha}{2}$。

解　$C=\frac{D-d}{L}=\frac{28\text{ mm}-24\text{ mm}}{40\text{ mm}}=1:10$

$\tan\frac{\alpha}{2}=\frac{D-d}{2L}=\frac{C}{2}=\frac{1:10}{2}=\frac{1}{20}=0.05$

从三角函数表可查得

$$\frac{\alpha}{2}=2°\ 52'$$

由于用查表方法计算$\frac{\alpha}{2}$比较麻烦，因此在实际生产中，可采用经验公式计算$\frac{\alpha}{2}$，即当$\frac{\alpha}{2}$在 6° 以下时，可采用一个常数的方法来计算，即

$$\frac{\alpha}{2}=28.7°\times\frac{D-d}{L}$$

或

$$\frac{\alpha}{2}=28.7°\times C$$

上题中的$\frac{\alpha}{2}$也可用近似公式求得

$$\frac{\alpha}{2}=28.7°\times\frac{1}{10}=2.87°$$

因为角度是 60 进位，所以应将上面的 0.87×60, 即得 52′，所以最后值应为

$$\frac{\alpha}{2}=2.87°=2°\ 52'$$

采用近似公式计算圆锥半角时应注意以下几点。

1）圆锥半角应在 6° 以内。

2）计算结果是“度”，度以后的小数部分是十进位的，而角度是 60 进位，应将含有

小数部分的计算结果转化为度、分、秒。

2. 圆锥的分类及应用

（1）标准圆锥

常用的标准圆锥有莫氏圆锥和米制圆锥两种。

1）莫氏圆锥

莫氏圆锥是机器制造业尤其是机床行业中应用最为广泛的一种，如磨床头架主轴孔、车床主轴孔、顶尖、钻头柄、铰刀柄等都采用莫氏圆锥。莫氏圆锥分成七个号码，即 0、1、2、3、4、5、6。其中 1 号最小，5 号最大。莫氏圆锥是从英制换算过来的，当号数不同时，其锥度和圆锥角等各部分尺寸都不相同（见表 4-1）。此外，莫氏圆锥又分为有扁尾和无扁尾两种形式（见图 4-3）。

表 4-1　莫氏圆锥的锥度与圆锥角（摘自 GB/T 157—2001）

莫氏锥度	基本值	推算值	
		圆锥角 α	
No.0	1∶19.212	2° 58′ 53.825 5″	2.981 618 20°
No.1	1∶20.047	2° 51′ 26.928 3″	2.857 480 08°
No.2	1∶20.020	2° 51′ 40.796 0″	2.861 332 23°
No.3	1∶19.922	2° 52′ 31.446 3″	2.875 401 76°
No.4	1∶19.254	2° 58′ 30.421 7″	2.975 117 13°
No.5	1∶19.002	3° 0′ 52.395 6″	3.014 554 34°
No.6	1∶19.180	2° 59′ 11.725 8″	2.986 590 50°

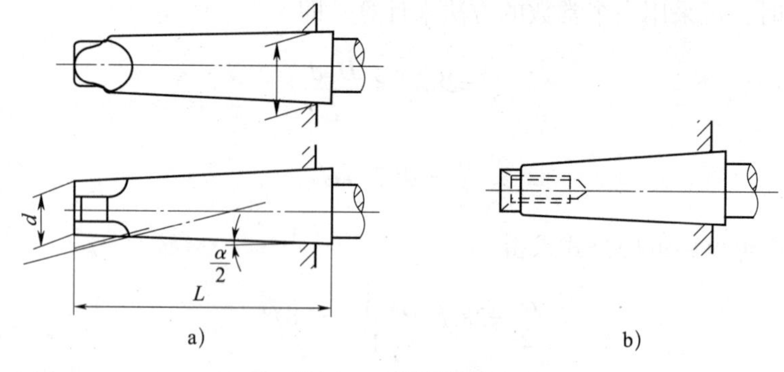

图 4-3　莫氏圆锥

a）有扁尾莫氏圆锥　b）无扁尾莫氏圆锥

2）米制圆锥

米制圆锥按尺寸大小不同分成 7 个号码，即 4、6、80、100、120、160 和 200。其号码是指圆锥大端的直径，其锥度都一样，规定锥度 C=1∶20，圆锥半角 $\frac{\alpha}{2}$ =1° 25′ 56″。它

的优点是锥度不变，记忆方便。例如 100 号米制圆锥即表示圆锥的大端直径 D=100 mm。这类圆锥一般应用于大型机床主轴孔。

（2）一般用途圆锥

除了常用的莫氏锥度、米制圆锥外，国家标准《产品几何量技术规范（GPS）圆锥的锥度与锥角系列》（GB/T 157—2001）中还规定了一般用途圆锥的锥度与角度，见表 4–2。

表 4–2　　一般用途圆锥的锥度与角度

基本值		推算值		
系列 1	系列 2	圆锥角 α		锥度 C
120°		—	—	1 : 0.288 675 1
90°		—	—	1 : 0.500 000 0
	75°	—	—	1 : 0.651 612 7
60°		—	—	1 : 0.866 025 4
45°		—	—	1 : 1.207 106 8
30°		—	—	1 : 1.866 025 4
1 : 3		18° 55′ 28.719 9″	18.924 644 42°	—
	1 : 4	14° 15′ 0.117 7″	14.250 032 70°	—
1 : 5		11° 25′ 16.270 6″	11.421 186 27°	—
	1 : 6	9° 31′ 38.220 2″	9.527 283 38°	—
	1 : 7	8° 10′ 16.440 8″	8.171 233 56°	—
	1 : 8	7° 9′ 9.607 5″	7.152 668 75°	—
1 : 10		5° 43′ 29.317 6″	5.724 810 45°	—
	1 : 12	4° 46′ 18.797 0″	4.771 888 06°	—
	1 : 15	3° 49′ 5.897 5″	3.818 304 87°	—
1 : 20		2° 51′ 51.092 5″	2.864 192 37°	—
1 : 30		1° 54′ 34.857 0″	1.909 682 51°	—
1 : 50		1° 8′ 45.158 6″	1.145 877 40°	—
1 : 100		34′ 22.630 9″	0.572 953 02°	—
1 : 200		17′ 11.321 9″	0.286 478 30°	—
1 : 500		6′ 52.529 5″	0.114 591 52°	—

（3）特殊用途圆锥

特殊用途圆锥是用来制造某些行业中有关机器设备的圆锥面配合零部件的。国家标准 GB/T 157—2001 中对这类圆锥也有规定，见表 4–3。其中的莫氏锥度，已在表 4–1 中列出。

表 4–3　　特殊用途圆锥的锥度与角度

基本值	推算值			说明
	圆锥角 α		锥度 C	
11° 54′	—	—	1 : 4.797 451 1	纺织机械和附件
8° 40′	—	—	1 : 6.598 441 5	
7°	—	—	1 : 8.174 927 7	
1 : 38	1° 30′ 27.708 0″	1.507 696 67°	—	
1 : 64	0° 53′ 42.822 0″	0.895 228 34°	—	
7 : 24	16° 35′ 39.444 3″	16.594 290 08°	1 : 3.428 571 4	机床主轴工具配合
6 : 100	3° 26′ 12.177 6″	3.436 716 00°	—	医疗设备

（4）专用圆锥

除上述三类圆锥外，根据机械制造中的需要，还有一些锥度列为专用圆锥。如 1 : 16、3 : 20、7 : 24 等，主要用于锥螺纹、镗床主轴和工具配合等圆锥面。

二、工件的装夹

工件通常用两顶尖装夹，装夹时应使工件圆锥的大端靠磨床头架方向，按照工件圆锥面的位置，适当调整头架、尾座的纵向位置。

三、工作台的调整

工件装夹以后，工件的轴线已由两顶尖确定。磨削时，只要将上工作台相对于下工作台按逆时针方向转过工件圆锥半角（$\alpha/2$）即可。

1. 工作台的预调整

调整时，先放松工作台压板螺钉 1（见图 4–4），然后用扳手转动螺杆 2，使指针 3 至所需刻度值。工作台右端标尺 4 的刻度值有两种表示方法：刻度的左边为角度值，刻度的右边为锥度值，如图 4–5 所示。

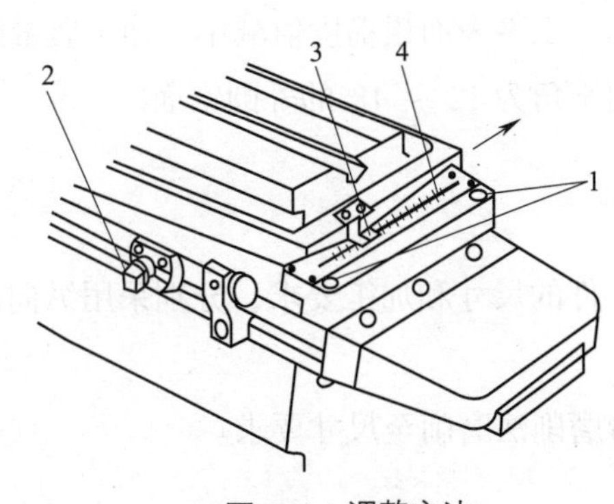

图 4–4　调整方法

1—螺钉　2—螺杆　3—指针　4—标尺

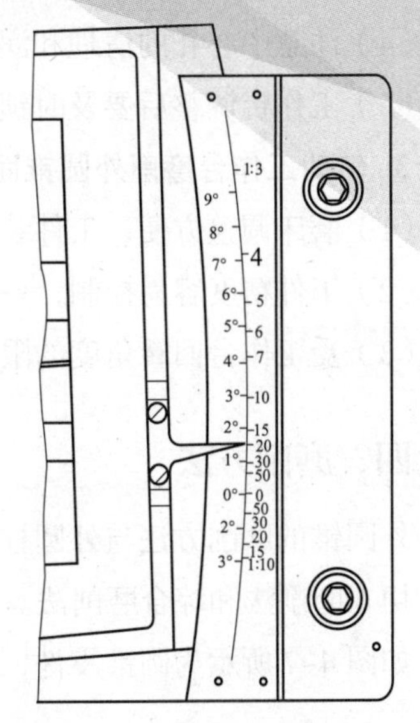

图 4–5　工作台圆锥刻度标尺

由于多种因素影响，上述调整还有一定误差，需再做精确的调整。

2. 工作台的精确调整

通常用试磨的方法来精确调整工作台。在试磨工件全长以后，用圆锥套规测量工件的锥度，并按擦痕判断工作台的调整方向和调整量。一般经 2 ~ 3 次调整即可调整正确。若工件用圆锥套规检验，其擦痕靠近大端时，则说明工件锥度太大，工作台应按顺时针方向调整（见图 4–6）；反之，工作台应按逆时针方向调整。

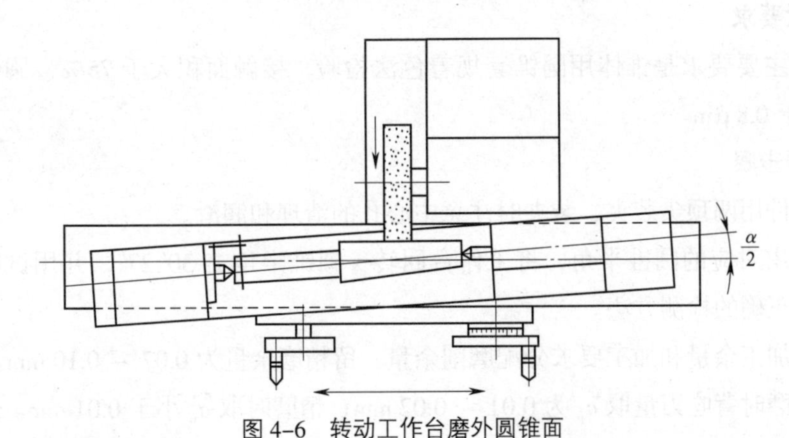

图 4–6　转动工作台磨外圆锥面

调整时要注意以下事项。

（1）试磨时应从磨削余量较多的一端对刀，以防止工件余量不均匀而造成事故。

（2）要正确判断调整方向。

（3）预调整时，上工作台转动的角度值可以大于计算值 10′ ~ 20′，但不能小于计算值，角度偏小会使圆锥素线磨长而难以修正圆锥的长度尺寸。

（4）注意中心孔的清理和润滑。

（5）工作台调整后要及时锁紧。

3. 转动工作台磨削外圆锥面的特点

（1）磨床调整方便，工件装夹简单，生产效率较高。

（2）工件精度容易控制，一般采用纵向磨削，工件表面粗糙度值减小，加工质量好。

（3）受工作台回转角度的限制，只能加工圆锥角为 12° ~ 18°的外圆锥面。

四、磨削方法

外圆锥的磨削方法与外圆柱相同，可接照工件的尺寸和加工要求，分别采用纵向磨削法、切入磨削法和综合磨削法。

如图 4–7 所示为圆锥零件，可用转动工作台磨削法磨削至尺寸要求。

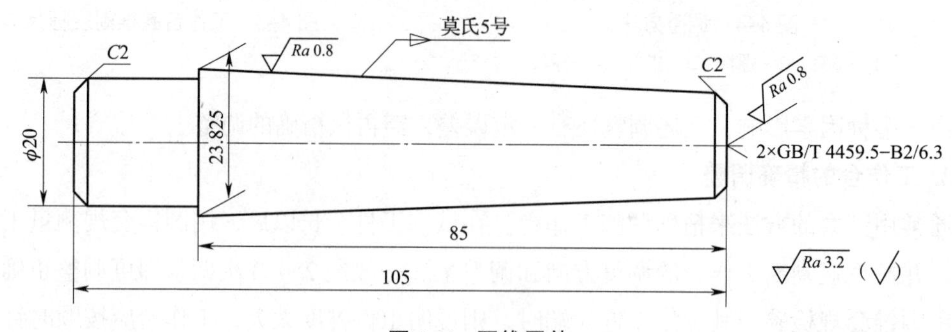

图 4–7　圆锥零件

1. 技术要求

磨削的主要要求是锥体用圆锥套规着色法检验，接触面积大于 75%，圆锥表面粗糙度值 Ra 小于 0.8 μm。

2. 磨削步骤

（1）工件用两顶尖装夹，装夹时注意中心孔的清理和润滑。

（2）查出对应的圆锥半角，将工作台回转一圆锥半角 1° 30′ 27″，并用试磨法找正工作台。选用正确的检测方法。

（3）按加工余量和加工要求分配磨削余量，留精磨余量为 0.07 ~ 0.10 mm。

（4）粗磨时背吃刀量取 a_p 为 0.01 ~ 0.02 mm；精磨时取 a_p 小于 0.01 mm。

（5）刃磨外圆锥面，使工件符合图样要求。

五、锥度的检验和圆锥尺寸的确认

1. 锥度（或角度）的检验

锥度或角度的精度通常可以用圆锥量规、角度样板、游标万能角度尺和正弦规等量具、量仪进行测量和检验，具体可根据不同的精度要求选择合适的检验方法。

（1）用圆锥量规检验

常用的量具是圆锥套规和圆锥塞规（见图 4–8），主要用于检验标准内圆锥和外圆锥的锥度，如莫氏锥度和其他标准锥度。

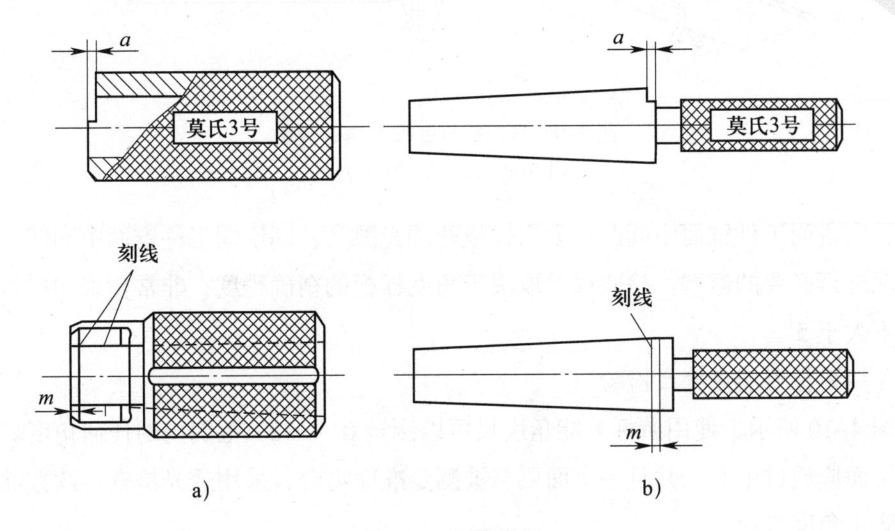

图 4–8　圆锥量规

a）圆锥套规　b）圆锥塞规

用圆锥量规检验圆锥时显示剂应涂在外表面上，即检验外圆锥面时，显示剂涂在工件表面上；检验内圆锥面时，显示剂涂在塞规表面上，方法是顺着素线方向（全长上）均匀地涂上三条（三等分分布）极薄的显示剂，显示剂为红油、蓝油或特种红丹粉，涂色宽度为 5 ~ 10 mm，厚度按国家标准规定为 2 μm，若圆锥精度要求不高，则涂层可适当加厚，然后用塞规（或套规）使锥面相互贴合，用手紧握塞规在 –30° ~ 30° 范围内转动一次（适当向素线方向用力），取出塞规（或套规）仔细观察显示剂擦去的痕迹。如果三条显示剂的擦痕均匀，则说明圆锥面接触良好，锥度正确。如果塞规小端有擦痕，大端无擦痕，则说明锥孔圆锥角大；反之，则说明锥孔圆锥角小。如果工件外圆锥面小端有擦痕，大端无擦痕，则说明圆锥角小；反之，则说明圆锥角大。

用涂色法检验锥度时，要求工件锥体表面接触处靠近大端，接触长度不低于以下规定。

1）高精度：接触长度为工件锥长的 85%。

2）精密：接触长度为工件锥长的 80%。

3）普通：接触长度为工件锥长的 75%。

（2）用角度样板检验

在成批和大量生产圆锥角度要求不高的工件时，可根据圆锥半角的大小制成专用的角度样板来测量工件。如图 4–9 所示为气门阀杆圆锥半角的测量。

测量时，样板安装在测量基准面上，用透光法检查角度是否正确。如果右下端光隙大，则说明工件圆锥半角小；如果左上端光隙大，则说明工件圆锥半角大；如果样板中部

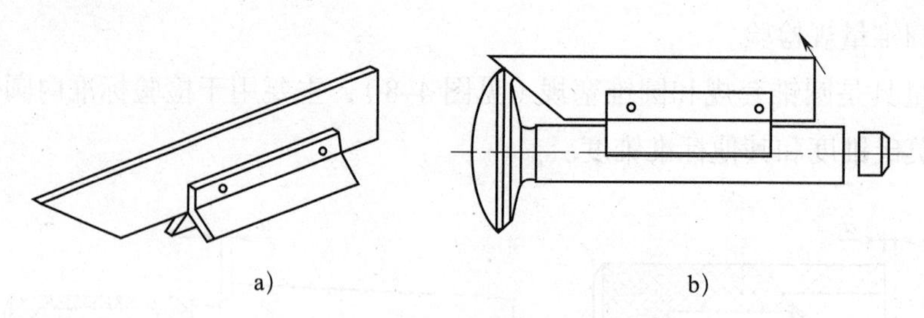

图 4–9　气门阀杆圆锥半角的测量

a）角度样板　b）测量方法

光隙大，则说明工件锥面中间凸；如果样板两端光隙大，则说明工件锥面中间凹。需根据具体情况进行必要的修磨。检验误差取决于角度样板的精确程度，非常精确的样板检验误差值可不大于 5′。

（3）用游标万能角度尺检验

如图 4–10 所示，使用游标万能角度尺可以测量 0° ~ 320°范围内的任何角度。要注意的是角尺面应通过中心，并且一个面要与被测基准面吻合，采用透光检查。读数前要先固定螺钉防止角度走动。

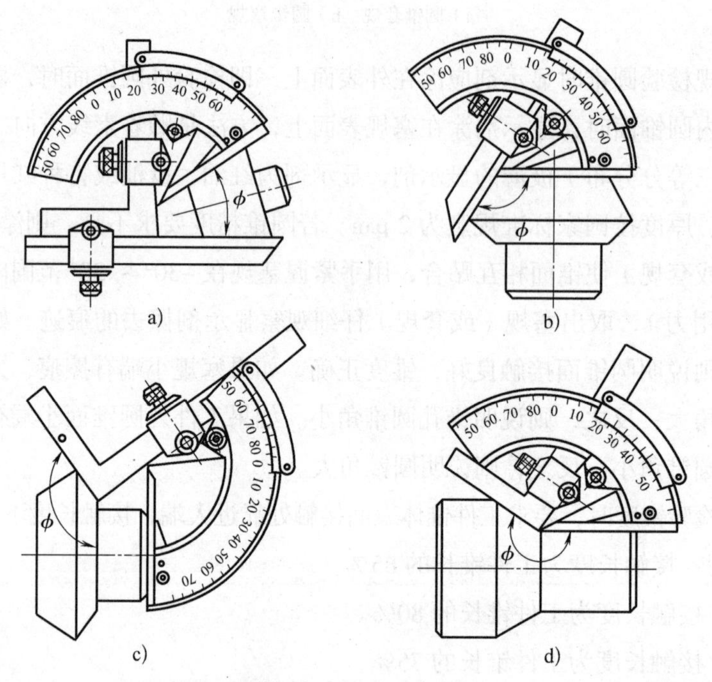

图 4–10　用游标万能角度尺测量工件的方法

（4）用正弦规检验

正弦规是利用三角形中的正弦关系来计算、测量角度的一种精密量具，主要用于检验外圆锥面。在制造有圆锥的工件中使用比较普遍。

正弦规（见图 4–11）结构简单，它由后挡板 1、侧挡板 2、两个精密圆柱 3 及工作台

4 等组成。根据两圆柱中心距 L 和工作台平面宽度 B 制成宽型和窄型两种正弦规，其基本尺寸见表 4–4。

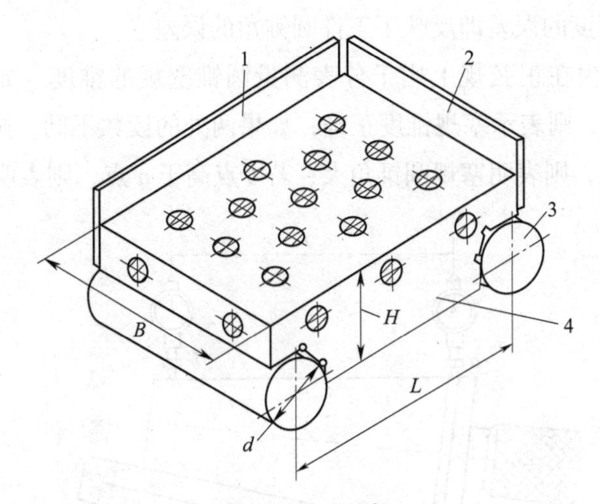

图 4–11　正弦规

1—后挡板　2—侧挡板　3—精密圆柱　4—工作台

表 4–4　正弦规的基本尺寸　mm

正弦规	L	B	H	d
宽型	100	80	40	20
	200	150	65	30
窄型	100	25	30	20
	200	40	55	30

正弦规的两个圆柱中心距有很高的精度，如 L=100 mm 的宽型正弦规，其偏差为 ± 0.003 mm；L=100 mm 的窄型正弦规，其偏差为 ± 0.002 mm。同时工作台的平面度误差以及两个圆柱之间的等高度误差都极小，因此可以用于精密测量。

测量时，将正弦规放在精密平板上，一根圆柱与平板接触，在另一根圆柱下面垫进量块组，量块组的高度 H 可根据正弦规两圆柱中心距 L 和被测工件的圆锥角 α 的大小进行精确计算后求得。此时，正弦规工作台的平面与精密平板间组成的角度即为经计算而求得的锥度，其计算式为

$$\sin\alpha = \frac{H}{L}$$

式中　α——圆锥角，(°)；

H——量块组的高度，mm；

L——正弦规两圆柱中心距，mm。

垫好量块组后，将工件锥面放在正弦规上，并用挡板挡住使工件在测量时不走动，也可以用插销插入工作台的小孔来限制工件锥面的位置。此时，工件锥面上素线应与精密平板平面平行，其平行度的误差即反映了工件圆锥角的误差。

如图 4–12 所示为在正弦规上用千分表测量圆锥塞规的锥度。如果千分表在 a 点和 b 点两处的读数相同，则表示塞规锥度正确；如果两处的读数不同，则说明塞规锥度有误差。若 a 点高于 b 点，则表明塞规圆锥角大；若 b 点高于 a 点，则表明塞规圆锥角小。

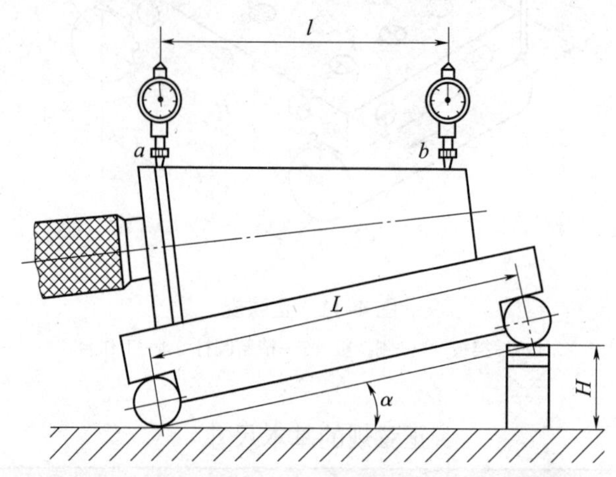

图 4–12　在正弦规上用千分表测量圆锥塞规的锥度

为了节省计算和查表时间，现将常用圆锥用正弦规测量时需垫量块组的高度 H 值列于表中。表 4–5 所列是检验莫氏锥度的垫量块组高度尺寸，表 4–6 所列是检验常用锥度的垫量块组高度尺寸。

表 4–5　　检验莫氏锥度的量块组高度尺寸

莫氏锥度号数	锥度 C	量块组高度 H/mm	
		正弦规中心距 L=100 mm	正弦规中心距 L=200 mm
No.0	0.052 05	5.201 45	10.402 9
No.1	0.049 88	4.984 89	9.969 7
No.2	0.049 95	4.991 88	9.983 7
No.3	0.050 20	5.016 44	10.032 8
No.4	0.051 94	5.190 23	10.390 6
No.5	0.052 63	5.259 01	10.518 0
No.6	0.052 14	5.210 26	10.420 5

表 4–6　　检验常用锥度的量块组高度尺寸

锥度 C	$\tan\alpha$	量块组高度 H/mm	
		正弦规中心距 L=100 mm	正弦规中心距 L=200 mm
1 : 200	0.005 0	0.500 0	1.000 0
1 : 100	0.010 0	1.000 0	2.000 0
1 : 50	0.019 9	1.999 8	3.999 6
1 : 30	0.033 3	3.332 4	6.664 8
1 : 20	0.049 9	4.996 9	9.993 8
1 : 15	0.066 5	6.659 3	13.318 5
1 : 12	0.083 1	8.318 9	16.637 8
1 : 10	0.099 7	9.975 1	19.950 1
1 : 8	0.124 5	12.451 4	24.902 7
1 : 7	0.142 1	14.213 2	28.426 4
1 : 5	0.198 0	19.802 0	39.604 0
1 : 3	0.324 3	32.432 4	64.864 9

2. 圆锥尺寸的确认

在磨削圆锥时，除了要有正确的锥度（角）以外，还必须控制锥面的大端或小端直径尺寸，即通过对外圆锥面的直接或间接测量，进行圆锥尺寸的确认。

用圆锥塞规检验锥孔时，如果大端处的两条刻线都进入锥孔的大端，则表明锥孔大了。如果两条刻线都未进入锥孔的大端，则表明锥孔小了。如果工件锥孔大端在圆锥塞规大端两条刻线之间，则确认锥孔尺寸符合要求（见图 4 –13a）。

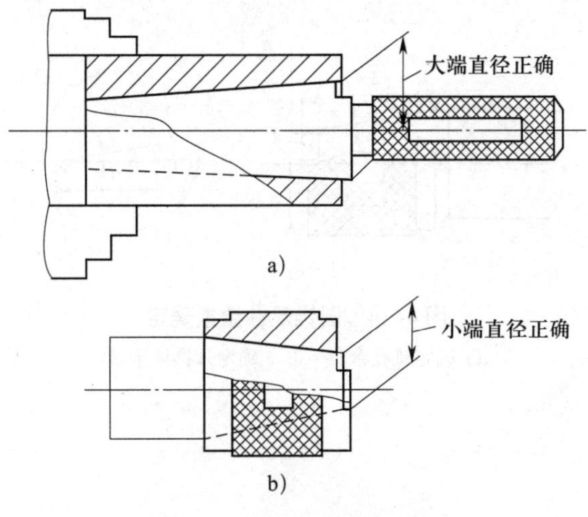

图 4–13　用锥度量规测量

a）测量锥孔　b）测量外锥体

用圆锥套规检验外锥体的方法与圆锥塞规相同，只是圆锥套规控制的是工件外锥体小端直径公差，由套规小端的台阶来测量。测量时工件外锥体小端直径在套规台阶之间时才确认为合格，如图 4–13b 所示。

用上述方法检验，若大端或小端尚未达到尺寸要求，则必须要再进行磨削。圆锥的大、小端直径用一般通用量具很难测量正确，用量规测量也只能量出工件端面到量规台阶中平面的距离 a（见图 4–14）。

要确定磨去多少余量才能使大、小端尺寸合格，可按下式计算

$$h/2=a\mathrm{sim}(\alpha/2)$$

$$h=2a\sin(\alpha/2)$$

当 $\alpha/2<6°$时，有

$$\sin(\alpha/2)\approx\tan(\alpha/2)$$

因此 $$h=2a\sin(\alpha/2)\approx 2a\tan(\alpha/2)$$

又 $$\tan(\alpha/2)=C/2$$

则 $$h=aC$$

式中 h——需要磨去的余量，mm；

a——工件端面到量规台阶中平面的距离，mm；

$\alpha/2$——圆锥半角，(°)；

C——工件锥度。

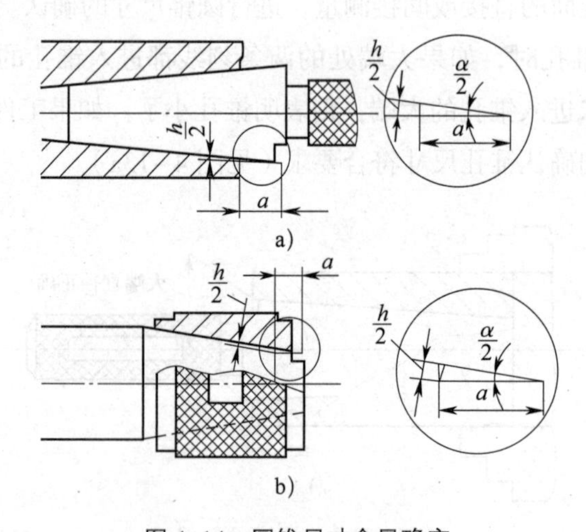

图 4–14　圆锥尺寸余量确定

a）确定锥孔余量　b）确定外锥体余量

课题二　转动头架磨削外圆锥

当磨削工件的圆锥半角超过上工作台所能回转的角度时，可用转动头架磨削法。

一、工件的装夹

工件通常用三爪自定心卡盘装夹，工件在三爪自定心卡盘上要装夹牢固，装夹后要适当校正，使工件的旋转中心与主轴旋转中心一致。如磨削顶尖的 60° 锥面，则装夹就比较简单，将顶尖直接装入头架主轴锥孔中（锥孔尺寸相同），然后由拨杆、圆销传动主轴进行磨削。

二、头架的调整

如图 4–15 所示，调整时将锁紧螺母 2 拧松，然后把头架 3 按逆时针方向回转工件圆锥半角（$\alpha/2$）。头架回转角度太小可由刻度盘 1 读出，调整后拧紧锁紧螺母 2。由于刻度盘的读数误差较大，故需再做精确的调整。

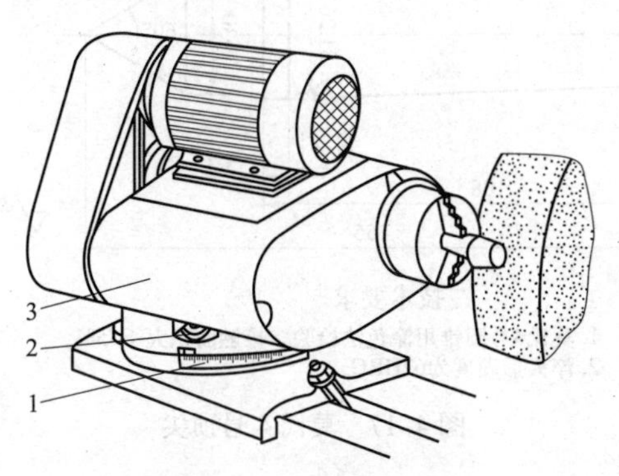

图 4–15　头架的调整

1—刻度盘　2—锁紧螺母　3—头架

三、回转角的精确调整

头架的回转角度误差可利用工作台的微量调整加以补偿。如图 4–16 所示，遇到工件伸出较长或圆锥角较大，砂轮架已退到极限位置，工件与砂轮相碰不能磨削时，如果距离相差不多，可把工作台按逆时针方向偏移一个角度 β_1，同时将头架按顺时针方向退回同一角度，这时头架相对于上工作台转过的角度为 β_2，两者之和应等于工件的圆锥半角 $\alpha/2$，即 $\beta_1+\beta_2=\alpha/2$。

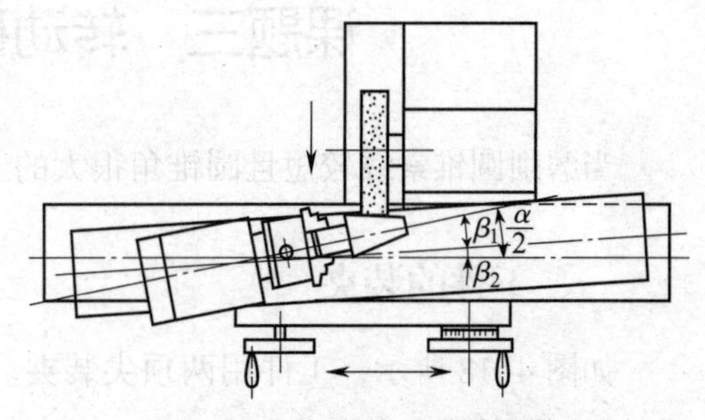

图 4–16　工作台的补偿调整

调整时应注意以下事项。

（1）工作台的补偿调整量要小，用试磨法

判断工作台螺杆的调整量和调整方向。

（2）调整后要锁紧上工作台。

转动头架磨外圆锥面的特点如下。

（1）角度调整范围较大，应用较广，适合磨削锥度较大而长度较短的工件。

（2）可采用纵向磨削，工件表面粗糙度值减小，加工质量较好。

（3）工件在卡盘上装夹时，应将工件找正后再进行磨削。

四、磨削方法

1. 技术要求

如图 4–17 所示为莫氏 4 号顶尖，其 60° 顶尖对莫氏 4 号圆锥轴线的径向圆跳动公差为 0.01 mm，莫氏 4 号用圆锥套规涂色法测量，接触面积大于 75%，且接触面靠近大端处。

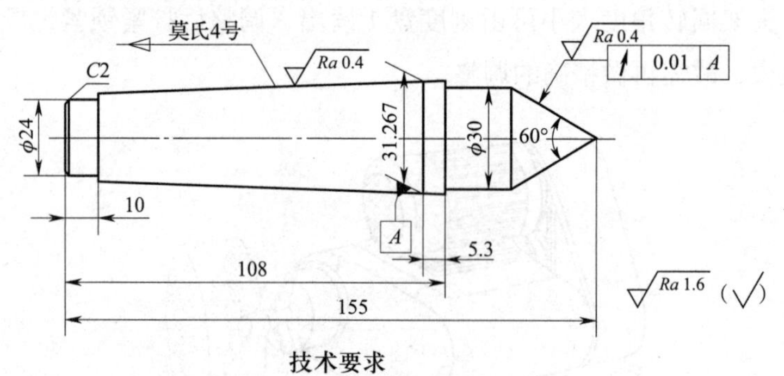

图 4–17　莫氏 4 号顶尖

2. 磨削步骤

（1）转动工作台粗磨莫氏 4 号锥面，留精磨余量为 0.07 ~ 0.10 mm。

（2）将顶尖装入头架主轴，转动头架，粗、精磨 60° 顶尖。

（3）转动工作台精磨莫式 4 号至尺寸要求。

课题三　转动砂轮架磨削外圆锥

当磨削圆锥素线较短且圆锥角很大的工件时，可以采用转动砂轮架磨削法。

一、工件的装夹

如图 4–18 所示，工件用两顶尖装夹。由于受到砂轮架以及砂轮位置的限制，装夹工件时工件圆锥的大端应靠尾座方向，以便砂轮能横向切入磨削。

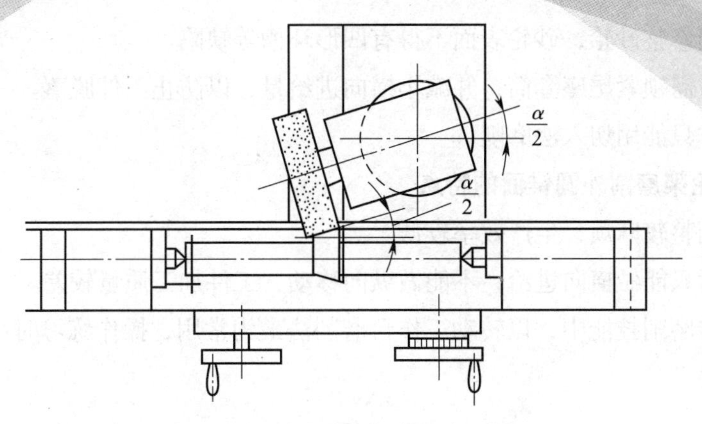

图 4–18　转动砂轮架磨削外圆锥面

二、砂轮架的调整

如图 4–19 所示，调整时松开螺母 1，将砂轮架 2 按逆时针方向回转一个工件圆锥半角（$\alpha/2$），读数由刻度盘 3 读出，调整后锁紧螺母 1。

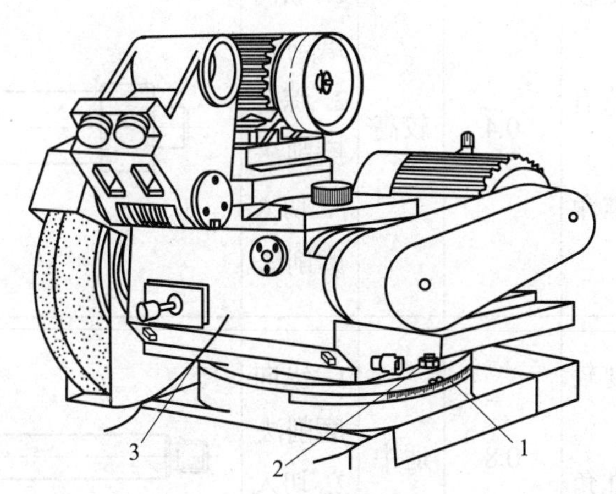

图 4–19　砂轮架的调理

1—刻度盘　2—螺母　3—砂轮架

调整砂轮架后，可用切入法试磨工件并进一步调整。由于砂轮架调整较为困难，故通常可利用工作台的补偿进行调整，以修正砂轮架的回转角度，但调整时要注意工作台的回转方向。

三、磨削方法

用转动砂轮架磨削锥体时，由于砂轮与工作台纵向有一定的角度，故只能用切入法磨削。

1. 操作时应注意的事项

（1）磨削前先纵向进给手轮调整砂轮与工件的相对位置，以便砂轮切入磨削。

（2）磨削时不能启动工作台液压启停阀。

（3）修整砂轮时，需将砂轮架回转至零位，待修整后再重新调整砂轮架回转角。

（4）应精细修整砂轮，砂轮表面不得有凹形环槽等缺陷。

（5）磨削时需锁紧尾座套筒，并减小横向进给量，以防止工件脱落。

（6）本操作只能用切入法磨削。

2. 转动砂轮架磨削外圆锥面的特点

（1）磨床调整较麻烦，生产效率较低。

（2）磨削时只能做横向进给，不能做纵向移动，工件加工质量较差。

三种外圆锥磨削技能中，以转动工作台磨削法最为常用，操作练习时可参照表 4–7 合理选择磨削方法。

表 4–7　　外圆锥磨削操作示例

序号	操作名称	工件特征	表面粗糙度值 *Ra*/μm	加工精度	磨削方法	示例
1	转动工作台	1. 长度较长 2. 两端有中心孔 3. 圆锥角小于 12°	0.4	较高	1. 纵向磨削法 2. 综合磨削法 3. 切入磨削法	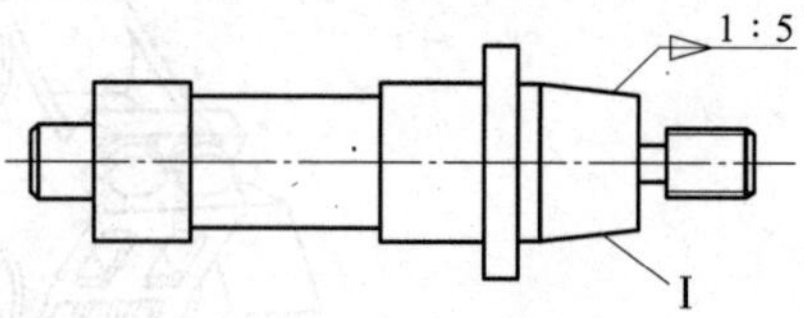
2	转动头架	1. 长度较短 2. 圆锥角较大	0.8	适中	1. 纵向磨削法 2. 切入磨削法	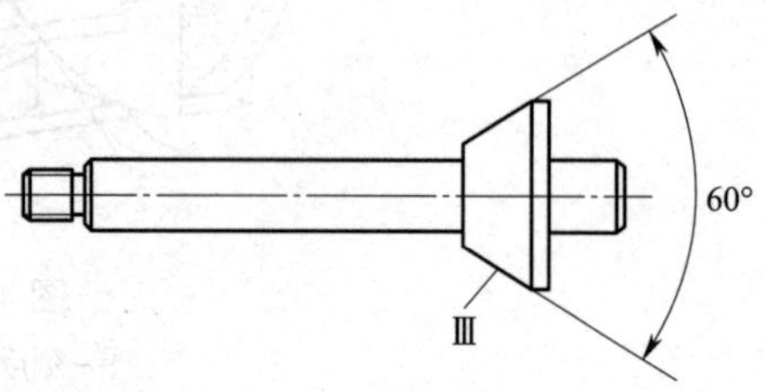
3	转动砂轮架	1. 长度较长，且圆锥素线小于砂轮宽度 2. 圆锥角大于 12° 3. 两端有中心孔	0.8	适中	切入磨削法	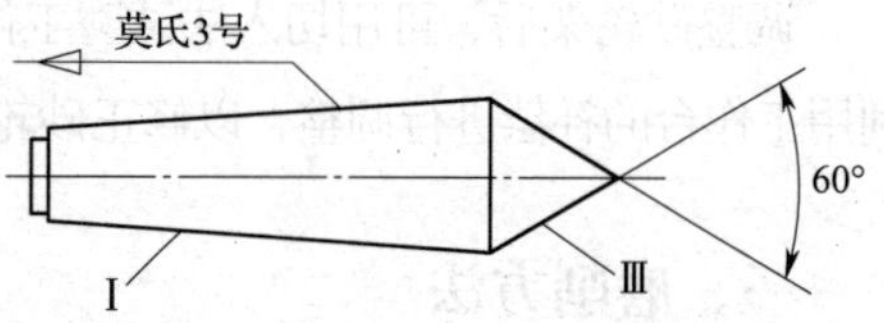 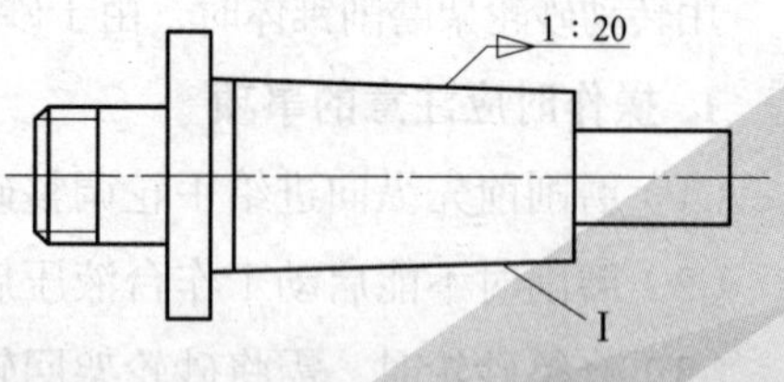

四、圆锥零件的缺陷分析（见表 4–8）

表 4–8　　圆锥零件的缺陷分析

测量结果	工件缺陷	机床调整	砂轮	磨削用量	测量	机床误差	其他
	中间没有擦痕	撞块不正确	砂轮磨损	纵向进给不均匀		1. 头架与尾座中心不等高 2. 头架与砂轮架中心不等高	
	只有小端有擦痕，且擦痕混乱	机床有关部位回转角不正确			测量时径向晃动		
	其中一条显示条纹没有擦痕		1. 砂轮钝化 2. 砂轮太硬	背吃刀量太大		顶尖磨损或有毛刺	1. 中心孔不圆 2. 中心孔内有杂物 3. 切削液不充足
	小端擦痕很淡	小端方向撞块调整不当	砂轮不均匀磨损	纵向进给不均匀			
	小端擦痕太明显				尾座套筒间隙太大		
	擦痕全长不均匀		砂轮不均匀磨损	纵向进给量太大且不均匀		顶尖磨损或有毛刺	1. 中心孔不圆 2. 中心孔内有杂物

五、零件磨削

1. 技术要求

如图 4–20 所示为量棒，其材料为 40Cr，淬火后硬度为 58 ~ 60HRC。外圆 $\phi 60_{-0.013}^{\ 0}$ mm 的圆柱度公差为 0.003 mm，素线直线度公差为 0.003 mm，表面粗糙度值 Ra 为 0.4 μm。外圆 $\phi 75_{-0.06}^{-0.03}$ mm 的表面粗糙度值 Ra 为 1.6 μm。莫氏 5 号圆锥小端尺寸为 $\phi 51.3_{-0.013}^{\ 0}$ mm，表面粗糙度值 Ra 为 0.4 μm。莫氏 5 号、$\phi 60_{-0.013}^{\ 0}$ mm 的圆度公差为 0.003 mm、径向圆跳动公差为 0.003 mm。

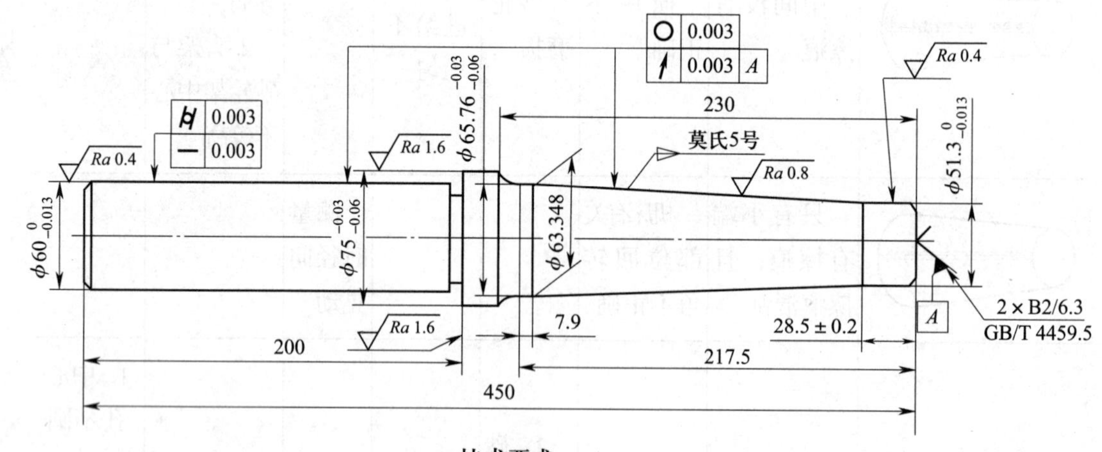

技术要求

材料为40Cr，淬火后硬度为58~60HRC。

图 4–20 量棒

2. 磨削步骤

（1）磨削方法

采用转动工作台法磨削外圆锥面，并用纵向法磨削。查表得出莫氏 5 号锥度对应的圆锥半角 $\alpha/2=1°\ 30'\ 27''$，将工作台按逆时针方向转动 $\alpha/2$，并用试磨法调整工作台。磨削时，按加工余量和加工要求划分粗磨和精磨。

（2）磨削用量

粗磨时 a_p=0.01 mm；精磨时 a_p=0.005 mm。在实际磨削工作中，工件纵向进给量的控制一般都是通过调节工作台的运动速度来实现的。

（3）工件的装夹

工件用两顶尖装夹，装夹时应使工件圆锥大端靠近磨床头架方向。按照工件圆锥面的位置，适当调整头架、尾座的纵向位置，并注意中心孔的清理和润滑。

（4）磨削步骤

1）研磨中心孔。

2）粗磨外圆 $\phi 60_{-0.013}^{\ 0}$ mm，找正工作台，使工件圆柱度公差在 0.003 mm 以内，留精

磨余量。

3）精磨 $\phi 75_{-0.06}^{-0.03}$ mm、$\phi 51.3_{-0.013}^{0}$ mm、台阶面至图样要求。

4）用转动工作台法粗磨莫氏 5 号，留精磨余量。

5）精磨莫氏 5 号至图样要求。

6）找正工作台，精磨 $\phi 60_{-0.013}^{0}$ mm 至图样要求。

3. 注意事项

（1）精磨时应检查中心孔的质量。

（2）莫氏 5 号圆锥一般磨削至尺寸的上极限偏差，以便在工件圆跳动超差时加以修正。

课题四　圆锥孔磨削

一、机床的调整

磨削圆锥孔时，机床的调整有两种情况：在 M1432A 型万能外圆磨床上磨削时，需将头架或工作台回转一个圆锥半角（见图 4–21）；在 M2110A 型内圆磨床上磨削时，需将头架回转一个圆锥半角（见图 4–22）。磨削内圆锥对头架主轴中心与内圆磨具中心的等高性有较高的要求，当等高性较差时，工件内孔会磨成双曲线形，影响圆锥的精度。一般磨圆锥孔时，需将等高性控制在 0.02 mm 内。

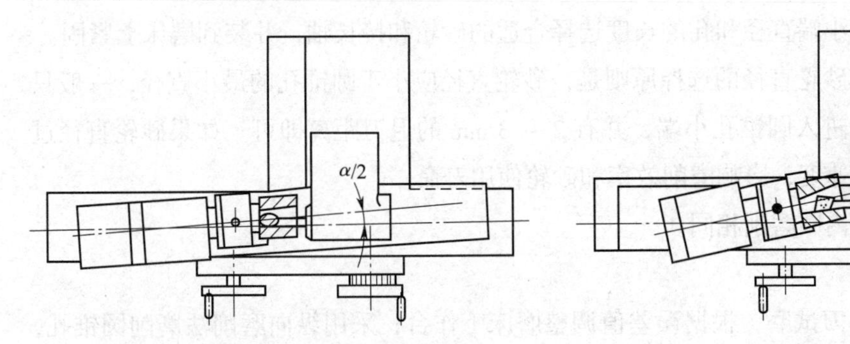

图 4–21　转动工作台磨削内圆锥面　　图 4–22　转动头架磨削圆锥孔

二、磨削方法

1. 转动工作台磨削圆锥孔

磨削时，将工作台转过一个与工件圆锥半角 $\alpha/2$ 相同的角度，并使工作台带动工件做纵向往复运动，砂轮做横向进给运动。

由于这种方法受工作台转动角度的限制，因此仅限于磨削圆锥角小于 18°、长度较长的内圆锥。例如磨削各种机床主轴、尾座套筒的内圆锥等。

（1）工件的装夹

用三爪自定心卡盘或四爪卡盘夹持工件并进行找正。找正外圆径向圆跳动量，误差不大于 0.005 mm；找正内圆磨具砂轮主轴轴线与工件回转轴线等高度，误差不大于 0.02 mm。长度较长的工件，通常采用一端用卡盘夹紧，另一端用闭式中心架支承的方式装夹。

（2）砂轮主轴轴线与工件回转轴线等高的位置调整方法

1）将头架和上、下工作台均转到零度位置。

2）在砂轮接长轴上装夹一个杠杆百分表。

3）将百分表转到与工件水平中心一致的位置，表头接触前孔壁，调整表盘，取一整数值。

4）将砂轮接长轴旋转 180°，使百分表的表头接触后孔壁，观察百分表指针所指数值，根据两次测量的数值差摇动砂轮架横向进或退，使表针在前、后孔壁所指数值基本相同。

5）将砂轮接长轴旋转 90°，使百分表的表头接触上孔壁与工件垂直中心一致的位置上，观察百分表并记住读数。

6）再将砂轮接长轴旋转 180°，使百分表的表头接触下孔壁，观察百分表指针所指数值，两数值差的一半即是砂轮接长轴轴线与工件轴线的等高差值。

如果上孔壁数值比下孔壁数值大，说明工件的旋转中心比砂轮接长轴的旋转中心高；如果上孔壁数值比下孔壁数值小，说明工件的旋转中心比砂轮接长轴的旋转中心低。

7）根据差值调整内圆磨具在砂轮架上的位置，消除等高差值，使砂轮接长轴的旋转轴线与工件的旋转轴线在同一轴心线上。

（3）砂轮和接长轴的选择

根据工件圆锥孔小端直径和孔的长度选择合适的砂轮和接长轴，并装到磨床上紧固。

圆锥孔磨削时，砂轮直径的选择原则是，砂轮直径应小于圆锥孔的最小直径，一般只要砂轮经过修整后能进入圆锥孔小端，并有 2 ~ 3 mm 的退刀距离即可。如果砂轮直径过小，会降低砂轮的线速度，影响磨削效率和砂轮使用寿命。

接长轴的选择与内圆磨削相同。

（4）试磨圆锥孔

在圆锥孔两端对刀试磨，根据误差值调整磨床工作台；采用纵向磨削法磨削圆锥孔，使内圆锥面磨削出 2/3 以上，然后进行角度检验，根据检验结果确定工作台的角度调整。确定圆锥角度的方法与转动工作台磨削外圆锥面基本相同。

（5）粗、精磨圆锥孔至图样要求

转动工作台磨削圆锥孔的注意事项。

1）在磨削圆锥孔时，要先将上工作台转到相应的角度位置，然后再调整撞块距离，不能颠倒。因为随着上工作台角度位置的偏移，砂轮在工件孔内的磨削位置也会产生偏移，使砂轮端面碰撞工件内端面或磨削时不能清角。

2）在找正锥度对刀时，要先从圆锥孔大端处切入，然后再在小端处对刀，这样可避免砂轮端面碰撞圆锥孔小端孔壁。

3）在磨削圆锥孔时，磨床头架不能偏离工作台中心太远，特别是磨削圆锥角较大的工件时尤其应注意，否则会产生砂轮架退不出去或摇不进来的问题，使磨削无法正常进行。

2. 转动头架磨削圆锥孔

磨削时，将头架转过一个与工件圆锥半角 $\alpha/2$ 相同的角度，使工作台做纵向往复运动，砂轮做微量横向进给运动。

这种方法可以在内圆磨床上磨削各种锥度的内圆锥以及在万能外圆磨床上磨削锥度较大的内圆锥。由于采用纵向磨削，能使工件获得较高的精度及较小的表面粗糙度值。因此，一般长度较短、锥度较大的工件都采用这种磨削方法。

转动头架磨削圆锥孔与转动工作台磨削圆锥孔的步骤基本相同。磨削时，将头架转过一个与工件圆锥半角 $\alpha/2$ 相同的角度，然后调整工作台行程撞块位置进行磨削。

3. 磨削左右对称内圆锥

有的工件两端有左右对称的内圆锥且精度要求较高，磨削时，先把外端内圆锥磨削正确，不变动头架的角度，将内圆砂轮摇向对面，再磨里面一个内圆锥，如图 4–23 所示。采用这种方法，工件不需卸下，能保证两对称内圆锥的锥度相等，并保证极小的同轴度误差。

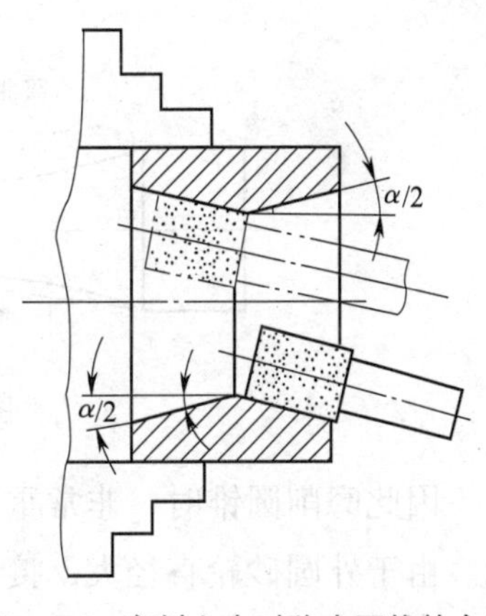

图 4–23 磨削左右对称内圆锥的方法

三、圆锥面的缺陷分析（见表 4–9）

表 4–9 圆锥面的缺陷分析

缺陷名称	产生原因	预防方法
锥度不正确	1. 磨削时，因显示剂涂得太厚或用圆锥量规测量时摇晃造成测量误差。没有将工作台、头架或砂轮架角度调整正确 2. 用磨钝的砂轮磨削时，因弹性变形的影响，使锥度发生变动 3. 磨削直径小而长的内锥体时，由于砂轮接长轴细长、刚性差，再加上砂轮的圆周速度低，磨削能力差而引起	1. 显示剂应涂得极薄而均匀，圆锥量规测量时不能摇晃，转动角度要在 –30° ~30° 。应确定测量准确后，固定工作台、头架或砂轮架的位置再进行磨削 2. 应经常修整砂轮，精磨时需光磨到火花基本消失为止 3. 砂轮接长轴尽量选得短粗一些，减小砂轮宽度，精磨余量留少一些

续表

缺陷名称	产生原因	预防方法
圆锥素线不直（双曲线误差）	砂轮架（或内圆砂轮轴）的旋转轴线与工件旋转轴线不等高而引起	修理或调整磨床，使砂轮架（或内圆砂轮轴）的旋转轴线与工件的旋转轴线等高

在磨削圆锥时，虽然多次调整磨床上工作台的转角，但仍校不正锥度；当用圆锥套规测量外圆锥时，发现两端显示剂被擦去，中间不接触；当用圆锥塞规测量内圆锥时，发现中间显示剂被擦去，两端没有擦去。以上几种情况的出现，一般是因为砂轮架与工件旋转轴线不等高而引起的，使磨出的圆锥素线不直，出现了双曲线误差，如图 4–24 所示。

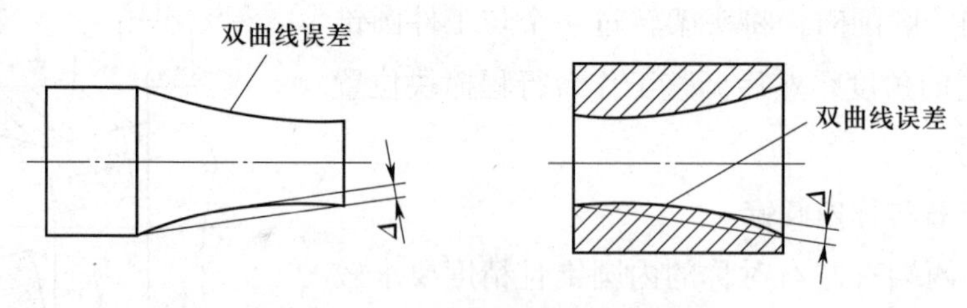

图 4–24　磨削圆锥面的双曲线误差

因此磨削圆锥时，非常重要的问题是要求砂轮的旋转轴线与工件的旋转轴线保持等高。由于外圆砂轮直径大，接触弧长，等高要求较低（在 0.2 mm 以内）；而磨削内圆锥时，由于砂轮直径小，等高要求在 0.02 mm 以内。

四、磨削圆锥套零件

1. 技术要求

如图 4–25 所示为圆锥接套，其材料为 45 钢，淬火后硬度为 38 ~ 45HRC。锥套具有内、外圆锥面，内圆锥面为莫氏 3 号，圆度公差为 0.005 mm，表面粗糙度值 Ra 为 0.8 μm。外圆锥面为莫氏 4 号，径向圆跳动公差为 0.01 mm，表面粗糙度值 Ra 为 0.4 μm。莫氏 3 号为不通孔。

2. 磨削步骤

（1）磨削方法

零件的加工工艺为车削、热处理、磨削。内、外圆锥面精度要求较高，均分粗、精磨削。

（2）磨削用量

粗磨时背吃刀量 a_p = 0.01 mm；精磨时背吃刀量 a_p =0.005 mm。在实际磨削工作中，工件纵向进给量的控制一般都是通过调节工作台的运动速度来实现的。

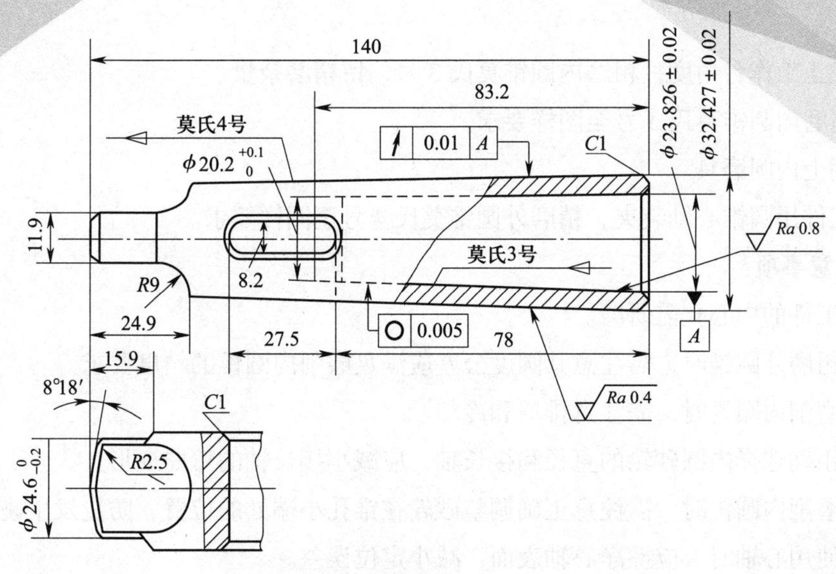

技术要求

1. 材料为45钢，淬火后硬度为38~45HRC。
2. 锥面用涂色法检查，接触面积大于75%。

图 4–25　圆锥接套

（3）工件装夹

粗磨外圆锥莫氏 4 号采用两顶尖装夹，粗磨内圆锥莫氏 3 号采用四爪单动卡盘与中心架装夹，定位基准为莫氏 4 号的中心线。精磨外圆锥莫氏 4 号采用心轴装夹，定位基准为莫氏 3 号的中心线。专用夹具如图 4–26 所示。精磨内圆锥莫氏 3 号的装夹方法与粗磨时相同。

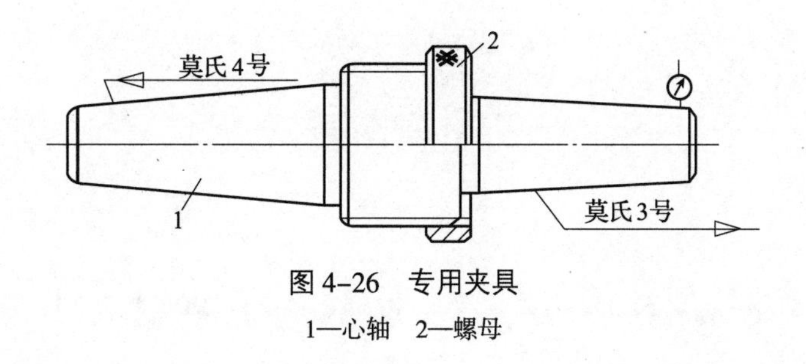

图 4–26　专用夹具

1—心轴　2—螺母

（4）磨削步骤

1）研磨中心孔。

2）调整机床。用转动工作台法磨外圆锥，找正工作台角度，粗磨外圆锥莫氏 4 号，留精磨余量。

3）翻下内圆磨具至工作位置。

4）选择合适的砂轮、接长轴。

5）工件用四爪单动卡盘与中心架装夹，校正外圆锥面径向圆跳动误差在 0.005 mm

以内。

6）找正工作台角度，粗磨内圆锥莫氏 3 号，留精磨余量。

7）精磨内圆锥莫氏 3 号至图样要求。

8）翻上内圆磨具。

9）工件用圆锥心轴装夹，精磨外圆锥莫氏 4 号至图样要求。

3. 注意事项

（1）工件的中心孔需研磨。

（2）粗磨外圆锥时，需注意其圆度公差应满足磨削内圆锥的精度要求。

（3）磨削内圆锥时，需注意排屑和冷却。

（4）正确选择内圆砂轮的直径和接长轴，应减小接长轴的弯曲变形。

（5）磨削内圆锥时，需注意正确调整砂轮在锥孔小端处的位置，防止发生碰撞。

（6）使用心轴时，应擦净心轴表面，减小定位误差。

（7）精确调整工作台的角度。

第五单元
平 面 磨 削

课题一　认识 M7120D 型平面磨床

M7120D 型平面磨床是卧轴矩台平面磨床，可用砂轮圆周磨削各种水平面，也可用砂轮的端面磨削工件的垂直平面。被加工工件的平行度误差不大于 0.01 mm，被加工表面的表面粗糙度值 Ra 可达到 0.2 μm。

一、M7120D 型平面磨床的主要部件

如图 5-1 所示，M7120D 型平面磨床由床身、工作台、磨头、滑板、立柱、电气箱、电磁吸盘、电气按钮板和液压操纵箱等部件组成。

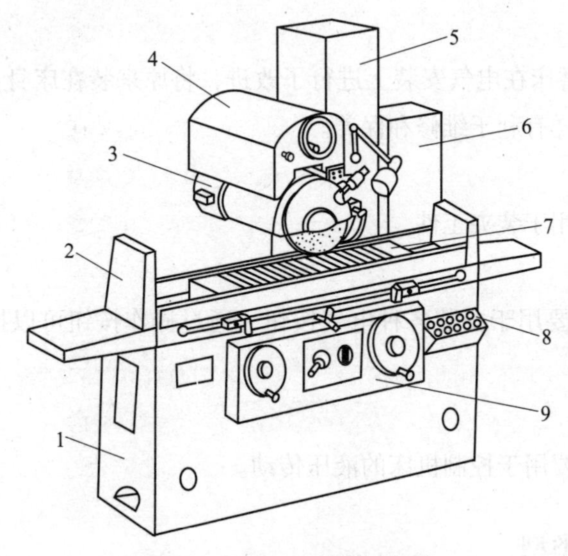

图 5-1　M7120D 型平面磨床

1—床身　2—工作台　3—磨头　4—滑板

5—立柱　6—电气箱　7—电磁吸盘　8—电气按钮板　9—液压操纵箱

1. 床身

床身 1 为箱形铸件，上面有 V 形导轨及平导轨；工作台 2 安装在导轨上。 床身前侧

的液压操纵箱上装有工作台手动机构、垂直进给机构、液压操纵板等，用以控制磨床的机械与液压传动。

2. 工作台

工作台 2 为一盆形铸件，上部有长方形台面，下面有凸出的导轨。工作台上部台面经过磨削，并有一条 T 形槽，用以固定工件和电磁吸盘。在台面四周装有防护罩，以防止切削液飞溅。

3. 磨头

磨头 3 在壳体前部，装有两个“短三瓦”油膜滑动轴承和控制轴向窜动的两套球面止推轴承。主轴尾导轨上有两种进给形式：一种是断续进给，即工作台换向一次，砂轮磨头横向做一次断续进给，进给量为 1 ~ 12 mm；另一种是连续进给，磨头在水平燕尾导轨上往复连续移动，连续移动速度为 0.3 ~ 3 mm/min，由进给选择旋钮控制。磨头除了可液压传动外，还可做手动进给。

4. 滑板

滑板 4 有两组相互垂直的导轨：一组为垂直矩形导轨，用以沿立柱做垂直移动；另一组为水平燕尾导轨，用以做磨头横向移动。

5. 立柱

立柱 5 为一箱形体，前部有两条矩形导轨，丝杆安装在中间，通过螺母使滑板沿矩形导轨垂直移动。

6. 电气箱

M7120D 型平面磨床在电气安装上进行了改进，将原来装在床身上的电气元件等布置安装到电气箱内，这样有利于维修和保养。

7. 电磁吸盘

电磁吸盘 7 主要用于装夹工件。

8. 电气按钮板

电气按钮板 8 主要用于安装各种电气按钮，通过操作按钮可以控制机床的各项进给运动。

9. 液压操纵箱

液压操纵箱 9 主要用于控制机床的液压传动。

二、平面磨削类型

按照平面磨床磨头和工作台的结构特点，可将平面磨床分为五种类型，即卧轴矩台平面磨床、卧轴圆台平面磨床、立轴矩台平面磨床、立轴圆台平面磨床及双端面磨床等。如图 5-2 所示为这五种平面磨床磨削的示意图。

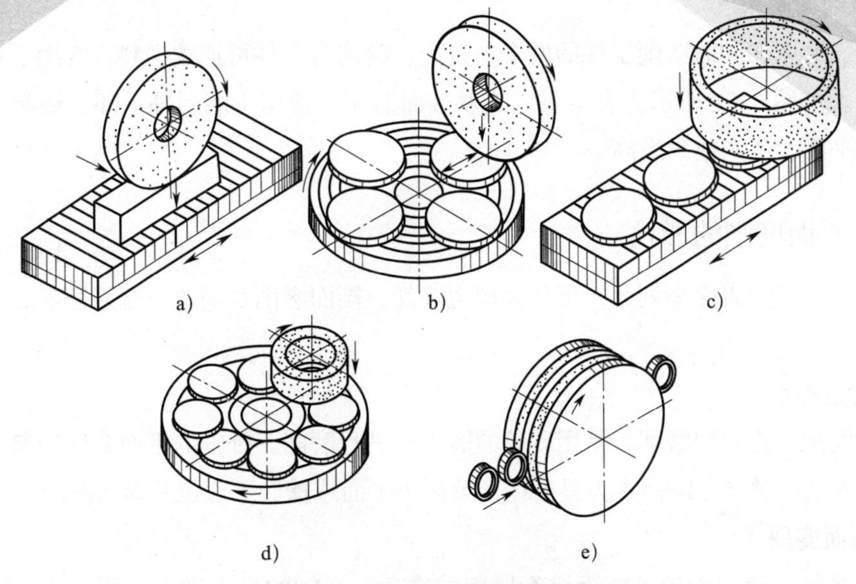

图 5-2　五种平面磨床磨削的示意图

a）卧轴矩台平面磨床磨削　b）卧轴圆台平面磨床磨削　c）立轴矩台平面磨床磨削

d）立轴圆台平面磨床磨削　e）双端面磨床磨削

1. 卧轴矩台平面磨床

卧轴矩台平面磨床砂轮的主轴轴线与工作台台面平行（见图 5-2a），工件安装在矩形电磁吸盘上，并随工作台做纵向往复直线运动。砂轮在高速旋转的同时做间歇的横向移动，在工件表面磨去一层后，砂轮反向移动，同时做一次垂直进给，直至将工件磨削至所需的尺寸。

2. 卧轴圆台平面磨床

卧轴圆台平面磨床砂轮的主轴是卧式的，工作台是圆形电磁吸盘，用砂轮的圆周面磨削平面（见图 5-2b）。磨削时，圆台电磁吸盘将工件吸在一起做单向匀速旋转，砂轮除高速旋转外，还在圆台外缘和中心之间做往复运动，以完成磨削进给，每往复一次或每次换向后，砂轮向工件垂直进给，直至将工件磨削至所需的尺寸。由于工作台是连续旋转的，所以磨削效率较高，但不能磨削台阶面等复杂的平面。

3. 立轴矩台平面磨床

立轴矩台平面磨床砂轮的主轴与工作台垂直，工作台是矩形电磁吸盘，用砂轮的端面磨削平面（见图 5-12c）。这种磨床只能磨削简单的平面零件。由于砂轮的直径大于工作台的宽度，砂轮不需要做横向进给运动，故磨削效率较高。

4. 立轴圆台平面磨床

立轴圆台平面磨床砂轮的主轴与工作台垂直，工作台是圆形电磁吸盘，用砂轮的端面磨削平面（见图 5-2d）。磨削时，圆工作台做匀速旋转，砂轮除做高速旋转外，还定时做垂直进给。

5. 双端面磨床

双端面磨床能同时磨削工件的两个平行面，磨削时工件可连续送料，常用于自动生产线等场合。如图 5–2e 所示为直线贯穿式双端面磨床，适用于磨削轴承环、垫圈和活塞环等工件的平面，生产效率极高。

三、平面磨削的形式

若以砂轮工作表面来划分，可分为周边磨削、端面磨削及周边—端面磨削三种平面磨削的形式。

1. 周边磨削

周边磨削又称圆周磨削，是用砂轮的圆周面进行磨削。卧轴的平面磨床均属于这种形式（见图 5–2a、图 5–2b）。在刀具磨床上磨削小平面或槽底平面也是周边磨削。

2. 端面磨削

端面磨削是使用砂轮的端面进行磨削的方法。立轴的平面磨床均属于这种形式（见图 5–2c、图 5–2d）。在磨削台阶轴或台阶孔端面时，采用的也是端面磨削。在刀具磨床上磨削槽侧也用端面磨削。大尺寸圆盘的端面也可以在万能外圆磨床上用转动头架的方法进行端面磨削。

3. 周边—端面磨削

周边—端面磨削是指同时用砂轮的圆周面和端面进行磨削（见图 5–2e）。磨削台阶面时，若台阶不深，可在卧轴矩台平面磨床上用砂轮进行周边—端面磨削。小尺寸的台阶面或沟槽，其底面和侧面也可以在刀具磨床上进行周边—端面磨削。

四、平面磨削的特点

平面磨削的形式不同，其特点也各不相同。

1. 周边磨削的特点

用砂轮圆周面磨削平面时，砂轮与工件的接触面积较小，磨削时的冷却和排屑条件较好，产生的磨削力和磨削热也较小，因此能减少工件受热所产生的变形，有利于提高工件的磨削精度，适用于精磨各种工件的平面，平面度误差能控制在（0.01 ~ 0.02）mm/1 000 mm，表面粗糙度值 Ra 可达 0.8 ~ 0.2 μm。但由于磨削时要用间断的横向进给来完成整个工件表面的磨削，所以生产效率较低。

2. 端面磨削的特点

在立轴平面磨床上，用筒形砂轮端面磨削时，机床的功率较大，砂轮主轴主要承受轴向力，因此弯曲变形小，刚度高，可选用较大的磨削用量。另外，由于砂轮与工件接触面积大，同时参加磨削的磨粒多，所以生产效率较高。但磨削过程中发热量较大，切削液不易直接浇注到磨削区，排屑较为困难，因而工件容易产生热变形和烧伤。端面磨削只适用于磨削精度不高且形状简单的工件。

为改善端面磨削加工的质量，可采用以下措施。

（1）选用粒度较粗、硬度较软的树脂结合剂砂轮。

（2）磨削时供应充足的切削液。

（3）采用镶块砂轮磨削。镶块砂轮由几块扇形砂瓦用螺钉、楔块等固定在金属法兰盘上构成。磨削时，砂轮与工件的接触面积减小，改善了排屑与冷却条件，砂轮不易堵塞，且可更换砂瓦，砂轮的使用寿命较长。但是镶块砂轮是间断磨削，磨削时易产生振动，因此加工表面的表面粗糙度值较高。

（4）将砂轮端面修成内锥形，使砂轮与工件成线接触，或调整磨头倾斜一微小的角度，减少砂轮与工件的接触，改善散热条件，如图 5–3 所示。但磨头倾斜后磨出的平面略呈凹形，其凹值 A 可按下式计算。

$$A = K\tan\alpha\,\frac{1}{2}\left(D_2 - \sqrt{D_s^2 - B^2}\right)\tan\alpha$$

式中　A——中凹值，mm；

K——砂轮参与磨削部位圆弧的弦高，mm；

α——磨头倾斜角度，（°）；

D_s——砂轮直径，mm；

B——磨削表面宽度，mm。

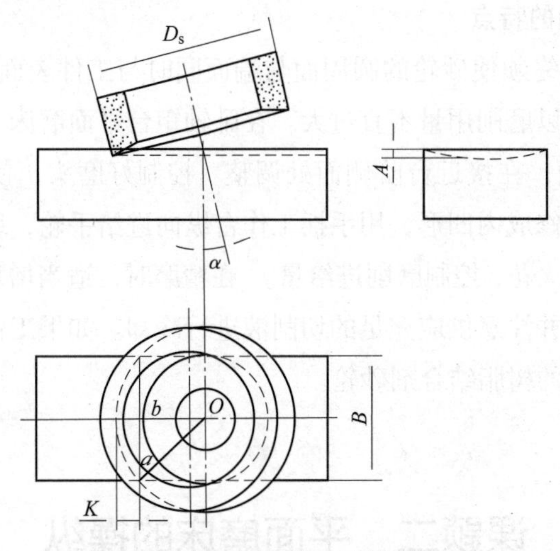

图 5–3　磨头倾斜对加工精度的影响

从上式可知，磨头倾斜角度、磨削表面宽度增大时，中凹值增大；砂轮直径增大时，中凹值减小。

为了不影响磨削表面的平面度，倾斜角一般不超过 30′，且此方法只适用于粗磨。精磨平面时必须使磨头轴线与工作台的台面相互垂直，以保证加工的平面度要求。

磨头与工作台的台面是否垂直一般可用两种方法检查：一种方法是用千分表测量，将千分表表座吸附在磨头砂轮架上，工作台上放一块垂直度误差极小的观察垫铁，将千分表测量头顶在平垫铁侧面，磨头垂直升降，观察千分表读数的变化，即可知磨头与工作台的垂直度误差。若工作台上放一块平行度误差极小的平垫铁，先移动工作台，用千分表测量工作台的水平度，再用千分表测量平垫铁上平面的两端高低，将检测平垫铁的读数误差值与工作台的读数误差值相比较，也可以换算出磨头与工作台台面的垂直度误差；第二种方法是直接通过观察加工面的磨削痕迹来判断，若磨头与工作台台面相互垂直；则磨削痕迹为正反相交叉的双刀花圆弧（见图 5–4a），若磨头倾斜，则磨削痕迹是不相交的单刀花圆弧（见图 5–4b）。

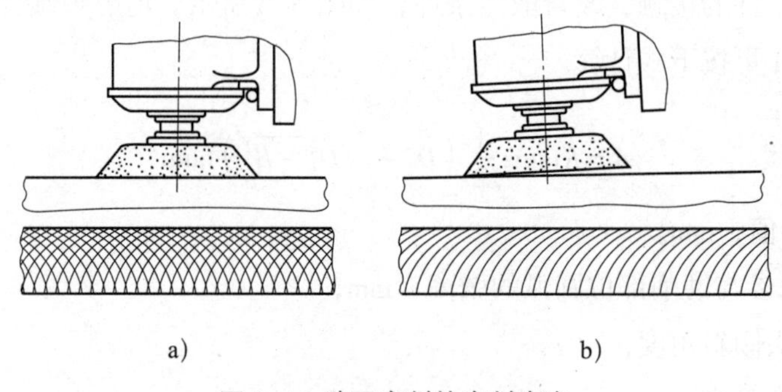

图 5–4　端面磨削的磨削痕迹
a）双刀花圆弧　b）单刀花圆弧

3. 周边—端面磨削的特点

周边—端面磨削最终须使砂轮的圆周面与端面同时与工件表面接触，磨削条件较差，产生的磨削热较大，所以磨削用量不宜过大。在卧轴矩台平面磨床上磨台阶面时，通常先用周边磨削磨出水平面，在接近台阶侧面处调整、控制好磨头，使砂轮不与台阶端面碰撞，同时需将砂轮端面修成内凹形，用手摇工作台纵向进给手轮，缓慢均匀地进给磨削台阶面。观察端面磨削的火花，控制磨削进给量。 在精磨时，适当增加光磨时间，以保证周边—端面磨削的精度，并注意供应充足的切削液进行冷却。如果工件有一定的批量，可选用粒度较粗、硬度较软的树脂结合剂砂轮。

课题二　平面磨床的操纵

M7120D 型平面磨床采用手轮、手柄及按钮操纵，其操纵示意图如图 5–5 所示，其操纵手柄功用见表 5–1。

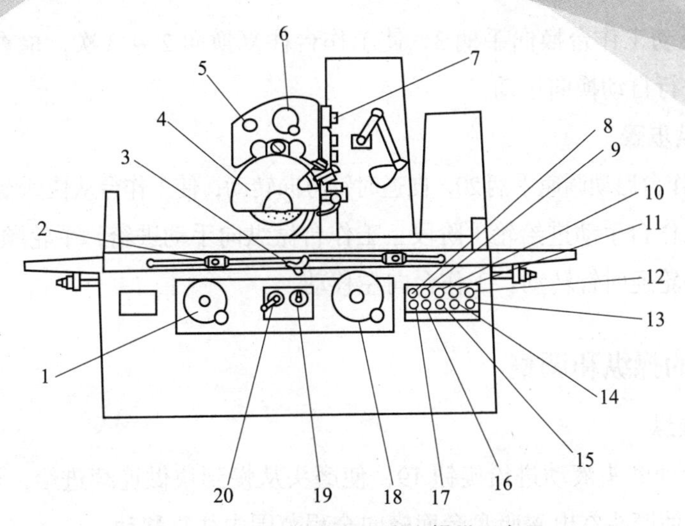

图 5–5　M7120D 型平面磨床操纵示意图

表 5–1　　M7120D 型平面磨床操纵手柄功用

编号	操纵件的名称与功用	编号	操纵件的名称与功用
1	工作台手动进给手轮	11	砂轮高速启动按钮
2	撞块	12	切削液开关
3	工作台换向手柄	13	电磁吸盘工作状态选择开关
4	磨头	14	磨头自动下降按钮
5	磨头换向手柄	15	磨头自动上升按钮
6	磨头横向手动进给手轮	16	液压泵启动按钮
7	磨头润滑按钮	17	液压泵停止按钮
8	总停按钮	18	垂直进给手轮
9	砂轮低速启动按钮	19	磨头液动进给旋钮
10	砂轮停止按钮	20	工作台启动调速手柄

一、工作台的操纵与调整

1. 液压泵操纵步骤

（1）按动液压泵启动按钮 16，启动液压泵。

（2）调整工作台行程撞块 2 于两极限位置。

（3）在液压泵工作 3 min 后，扳动工作台启动调速手柄 20，向顺时针方向转动，使工作台从慢到快进行直线往复运动。

（4）用手扳动工作台换向手柄 3，使工作台往复换向 2 ~ 3 次，检查动作是否正常，然后使工作台进行自动换向运动。

2. 手动操纵步骤

（1）扳动工作台启动调速手柄 20，向逆时针方向转动，使工作台从快到慢直至停止运动。

（2）摇动工作台手动进给轮 1 阶段，工作台做纵向手动进给，手轮顺时针转动，工作台向右移动，手轮逆时针转动，工作台向左移动。

二、磨头的操纵和调整

1. 磨头的操纵

（1）向左转动磨头液动进给旋钮 19，使磨头从慢到快做连续进给，调节磨头左侧槽内撞块的位置，使磨头在电磁吸盘台面横向全程范围内往复移动。

（2）向右转动磨头液动进给旋钮 19，使磨头在工作台纵向运动换向时做横向断续进给，进给量可在 1 ~ 12 mm 的范围内调节。磨头断续或连续进给需要换向时，可操纵磨头换向手柄 5，手柄向外拉出，磨头向外进给，手柄向里推进，磨头向里进给。

（3）磨头的垂直自动升降是由电气控制的。操纵时，先把垂直进给手轮 18 向外拉出，使操纵箱内的齿轮脱开，然后按动磨头自动上升按钮 15，滑板沿导轨向上移动，带动磨头 4 垂直上升；按动磨头自动下降按钮 14，滑板向下移动，磨头垂直下降；松开按钮，磨头停止升降。磨头的自动升降一般用于磨削前的预调整，以减轻劳动强度，提高生产效率。

2. 手动进给

（1）磨头的横向手动进给

当用砂轮端面进行横向进给磨削时，砂轮需停止横向液动进给。操纵时，应将磨头液动进给旋钮 19 旋至中间停止位置，然后手摇磨头横向手动进给手轮 6，使磨头做横向进给，顺时针方向摇动手轮，磨头向外移动，逆时针方向摇动手轮，磨头向里移动。手轮每格进给量为 0.01 mm。

（2）磨头的垂直手动进给

磨头的垂直手动进给是通过摇动垂直进给手轮 18 来完成的。操纵时，把垂直进给手轮 18 向里推进，使操纵箱内齿轮啮合；摇动垂直进给手轮 18，磨头垂直上下移动。手轮顺时针方向摇动一圈，磨头下降 1 mm，每格进给量为 0.005 mm。

3. 砂轮的启动

为了保证砂轮主轴使用的安全，在启动砂轮前，必须先启动润滑泵，使砂轮主轴得到充分润滑。M7120D 型平面磨床油箱采用水银限位开关来延迟启动的时间，保证了砂轮启动时的安全。

操纵时，在润滑泵启动约 3 min 后，水银开关被顶起，线路接通。先按动砂轮低速启动按钮 9，使砂轮做低速运转，运转正常后，再按动砂轮高速启动按钮 11，使砂轮做高速运转，

磨削结束后，按动砂轮停止按钮 10，砂轮停止运转。润滑泵不启动，砂轮是无法启动的。

三、砂轮的安装

在平面磨床主轴上装拆砂轮的方法与外圆磨床砂轮的装拆方法基本相同，只是二者的法兰盘结构有所不同，前者是用螺母、垫圈紧固砂轮的，砂轮法兰盘的结构如图 5–6 所示。装夹时，先把砂轮装到法兰盘上，然后盖上法兰盖，放上垫圈，旋上螺母，最后用锁紧扳手将螺母旋紧。

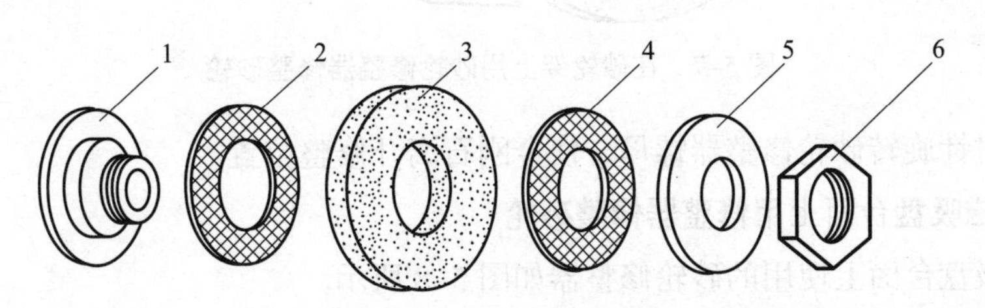

图 5–6　砂轮法兰盘的结构

1—法兰盘　2、4—纸垫　3—砂轮　5—法兰盘　6—螺母

砂轮操纵时应注意以下事项。

1. 砂轮架在做横向或垂直进给前，应先按动磨头润滑按钮 7，润滑立柱导轨、砂轮架导轨、滚动螺母（每班一次）。

2. 在磨削时，如需要冷却润滑，可转动切削液开关 12，使切削液泵工作，然后调节喷嘴喷出的切削液流量。

3. 砂轮架在做自动下降移动时要注意安全，不要在砂轮与工件相距很近时才松开按钮，以免由于惯性使砂轮撞到工件上。

4. 在操纵中发生意外事故时，应立即按动液压泵停止按钮 17，使机床停止一切运动。

四、砂轮的修整

1. 在砂轮架上用砂轮修整器修整砂轮

（1）在砂轮修整器上安装金刚石并紧固。

（2）移动砂轮架，使金刚石处在砂轮宽度范围内。

（3）启动砂轮，按顺时针方向旋转砂轮修整器螺母，使套筒在轴套内滑动，金刚石向砂轮圆周面进给（见图 5–7）。

（4）当金刚石接触砂轮圆周面后停止修整器进给。

（5）换向修整时，将砂轮架换向手柄拉出或推进，使砂轮架换向移动，然后旋转砂轮修整器螺母，按修整要求予以进给。粗修整每次进给 0.02 ~ 0.03 mm，精修整每次进给 0.005 ~ 0.01 mm。

（6）修整结束，将砂轮架快速退至台面边缘。

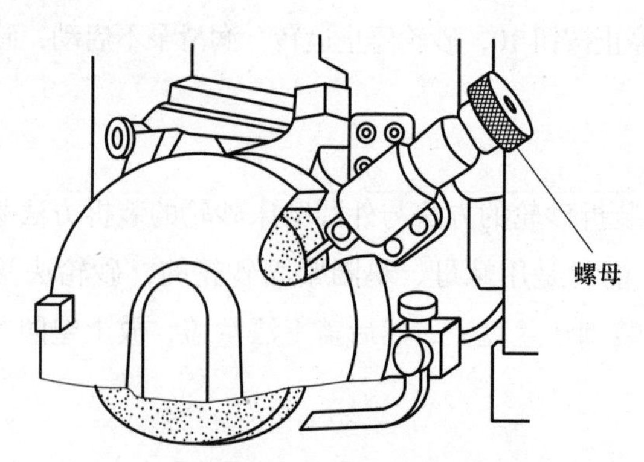

图 5–7　在砂轮架上用砂轮修整器修整砂轮

（7）逆时针旋转砂轮修整器螺母，使金刚石离开修整位置。

2. 在电磁吸盘台面上用修整器修整砂轮

在电磁吸盘台面上使用的砂轮修整器如图 5–8 所示。

（1）砂轮圆周面的修整步骤

1）将金刚石装入砂轮修整器内并用螺钉紧固。

2）将砂轮修整器放在台面合适的位置，转动电磁吸盘工作状态选择开关至“通磁”位置，使砂轮修整器紧固在台面上。

3）移动工作台及砂轮架，使金刚石处于图 5–9 所示位置。

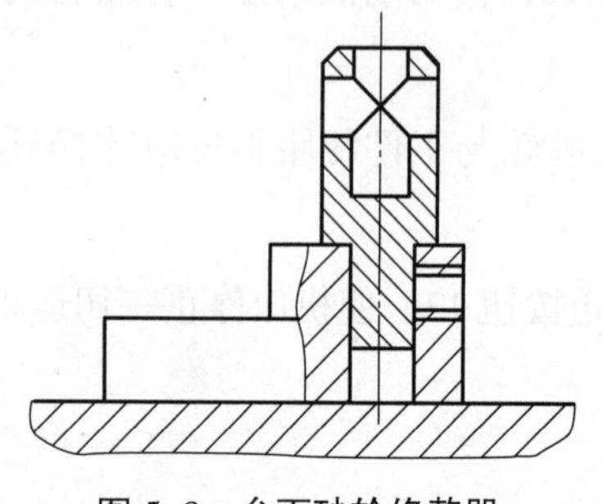

图 5–8　台面砂轮修整器

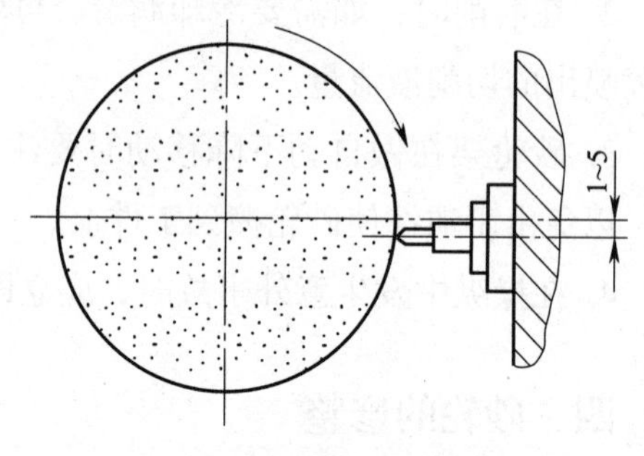

图 5–9　金刚石修整位置

4）启动砂轮，摇动垂直进给手轮，使砂轮圆周面逐渐接近金刚石；当砂轮与金刚石接触后，停止垂直进给。

5）移动砂轮架做横向连续进给，使金刚石在整个圆周面上进行修整。

6）砂轮架换向，并做垂直进给继续修整（见图 5–10）。

7）修整至图样要求后，砂轮架快速退出。

8）转动电磁吸盘工作状态选择开关至“退磁”位置，取下砂轮修整器，修整结束。

（2）砂轮端面的修整步骤

1）将金刚石装入砂轮修整器侧面孔内并紧固。

2）移动砂轮架及工作台，使金刚石处于图 5–11 所示左端的位置。

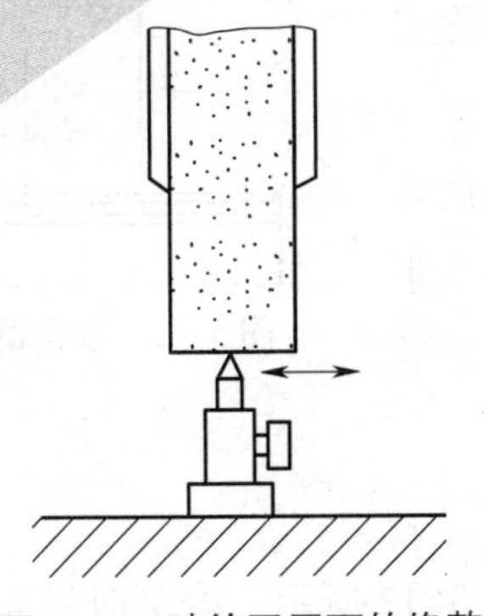

图 5-10　砂轮圆周面的修整

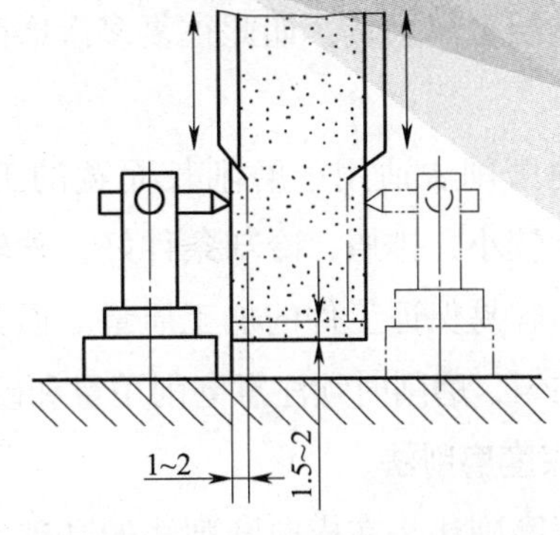

图 5-11　砂轮端面的修整

3）启动砂轮，摇动砂轮架横向进给手轮，使砂轮端面接近金刚石，接触后砂轮架停止横向进给。

4）按顺时针方向连续摇动砂轮架垂直进给手轮，使砂轮垂直连续下降；当金刚石修整到接近砂轮法兰盘时，停止垂直进给。

5）砂轮架做横向进给，进给量取 0.03 ~ 0.02 mm，按逆时针方向摇动砂轮架垂直进给手轮，使砂轮垂直连续上升；在金刚石离砂轮圆周边缘约 2 mm 处，停止垂直进给。如此，可在砂轮端面上修出一个深 1 ~ 2 mm 的内凹平面。

6）用同样方法修整砂轮另一端面（见图 5-11 所示右端的位置）至图样要求。

（3）注意事项

1）在用砂轮修整器附件修整砂轮时，应先检查一下修整器是否吸牢，可用手拉一下修整器，检查无误后再进行修整。

2）在用砂轮修整器附件修整砂轮的过程中，工作台不能做纵向移动。

3）在修整砂轮端面时，砂轮内凹平面不宜修得太宽或太窄。太宽则磨削时会造成工件发热烧伤，且平面度也较差；太窄则砂轮端面切削平面磨损速度快，影响磨削效率。

课题三　平行平面的磨削

一、平面磨削方法

以卧轴矩台平面磨床为例，平面磨削的常用方法有以下几种。

1. 横向磨削法

横向磨削法是最常用的一种磨削方法（见图 5-12）。磨削时，当工作台纵向行程终了时，砂轮主轴或工作台做一次横向进给，这时砂轮所磨削的金属层厚度就是实际背吃刀量，待工件上第一层金属磨去后，砂轮重新做纵向进给，磨头换向继续做横向进给磨去

工件第二层金属余量，如此往复多次磨削，直至切除全部余量为止。

横向磨削法适用于磨削长而宽的工件，其磨削接触面积小，发热较小，排屑、冷却条件好，砂轮不易堵塞，工件变形小，因而容易保证工件的加工质量。但其生产效率较低，砂轮磨损不均匀，磨削时须注意磨削用量和砂轮的正确选择。

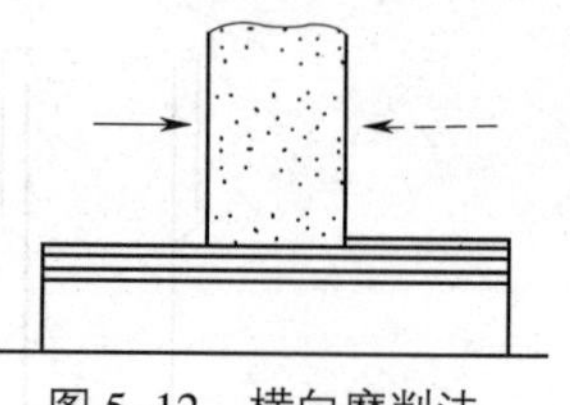

图 5–12　横向磨削法

2. 深度磨削法

深度磨削法是在横向磨削法的基础上发展而来。如图 5–13 所示，磨削时纵向进给速度低，砂轮只做两次垂直进给。第一次垂直进给量等于粗磨的全部余量，当工作台纵向行程终了时，将砂轮或工件沿砂轮轴线方向移动 3/4 ~ 4/5 的砂轮宽度，直至切除工件全部粗磨余量；第二次垂直进给量等于精磨余量，其磨削过程与横向磨削法相同。

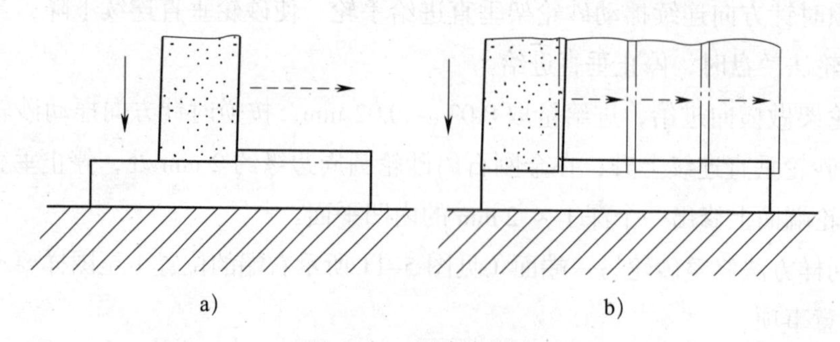

图 5–13　深度磨削法

也可采用切入磨削法，磨削时砂轮先做垂直进给，横向不进给，在磨去全部余量后，砂轮在垂直方向退刀，并横向移动 4/5 的砂轮宽度，然后再做垂直进给，先分段粗磨，最后用横向磨削法精磨。

此方法能提高生产效率，因为粗磨时的垂直进给量和横向进给量都较大，缩短了机动时间。深度磨削法适用于功率大、刚性好的磨床磨削较大型的工件。磨削时须注意装夹牢固，且供应充足的切削液冷却。

3. 台阶磨削法

如图 5–14 所示，台阶磨削法是根据工件磨削余量的大小，将砂轮修整成阶梯形，使其在一次垂直进给中磨去全部余量。

砂轮的台阶数目可根据磨削余量的大小确定，用于粗磨的各阶梯长度和深度要相同，其长度和一般不大于砂轮宽度的 1/2，每个阶梯的深度在 0.05 mm 左右，砂轮精磨台阶（即最后一个台阶）的深度等于精磨余量，为 0.02 ~ 0.04 mm。

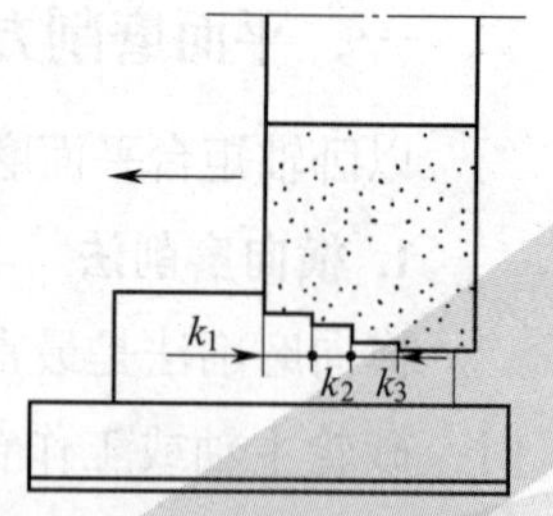

图 5–14　台阶磨削法

用台阶磨削法加工时，由于磨削用量较大，为了保证工件质量，提高砂轮的使用寿命，横向进给应缓慢一些。台阶磨削法生

产效率较高，但修整砂轮比较麻烦，且磨床须具有较高的刚度，所以在应用上受到一定的限制。

二、平面磨削砂轮及磨削用量的选择

1. 平面磨削砂轮的选择

平面磨削所用的砂轮应根据磨削方式、工件材料、加工要求等进行选择。

平面磨削时，由于砂轮与工件的接触面积较大，磨削热也随之增加，尤其是磨削薄壁工件（如活塞环、垫圈等）时，容易产生翘曲变形和烧伤现象，所以应选择硬度较软、粒度较粗、组织较疏松的砂轮，见表 5–2。

表 5–2　　平面磨削砂轮的选择

<table>
<tr><th colspan="6">1. 砂轮形状选择</th></tr>
<tr><th colspan="2">磨削形式</th><th colspan="2">圆周磨削</th><th colspan="2">端面磨削</th></tr>
<tr><td colspan="2">砂轮形状</td><td colspan="2">平形砂轮系列</td><td colspan="2">筒形或碗形砂轮，粗磨时可采用镶块砂轮</td></tr>
<tr><th colspan="6">2. 砂轮特性选择</th></tr>
<tr><th colspan="2">工件材料</th><th>非淬火钢</th><th>调质合金钢</th><th>淬火的碳钢、合金钢</th><th>铸铁</th></tr>
<tr><td rowspan="5">砂轮特性</td><td>磨料</td><td>A</td><td>A</td><td>WA</td><td>C</td></tr>
<tr><td>粒度</td><td colspan="4">F36 ~ F60（其中 F46 最常用）</td></tr>
<tr><td>硬度</td><td>H ~ L</td><td>K ~ M</td><td>J ~ K</td><td>J ~ L</td></tr>
<tr><td>组织</td><td colspan="4">5 ~ 6</td></tr>
<tr><td>结合剂</td><td colspan="2">V</td><td colspan="2">B 或 V</td></tr>
</table>

当用砂轮的圆周磨削时，一般选用陶瓷结合剂的平形砂轮，粒度为 F36 ~ F60，硬度为 H ~ L。

当用砂轮的端面磨削时，由于接触面积大、排屑困难而容易发热，所以大多采用树脂结合剂的筒形、碗形或镶块砂轮，粒度为 F20 ~ F36，硬度为 J ~ L。

2. 磨削用量的选择

磨削用量的选择是由加工方法、磨削性质、工件材料等条件决定的。

（1）砂轮的速度

砂轮的速度不宜过高或过低，一般选择范围见表 5–3。

表 5–3　　平面磨削砂轮速度的选择

磨削形式	工件材料	粗磨 /（m/s）	精磨 /（m/s）
圆周磨削	灰铸铁	20 ~ 22	22 ~ 25
	钢	22 ~ 25	25 ~ 30
端面磨削	灰铸铁	15 ~ 18	18 ~ 20
	钢	18 ~ 20	20 ~ 25

（2）工作台纵向进给量

工作台为矩形时，纵向进给量选 1 ~ 12 m/min。

当磨削宽度大、精度要求高和横向进给量大时，工作台纵向进给应选得小一些；反之，则应选得大一些。

（3）砂轮垂直进给量

砂轮垂直进给量的大小是依据横向进给量的大小来确定的。横向进给量大时，垂直进给量应小，以免影响砂轮和机床的寿命及工件的精度；横向进给量小时，垂直进给量应大。一般粗磨时，横向进给量为（0.1 ~ 0.48）B/ 双行程（B 为砂轮宽度），垂直进给量为 0.015 ~ 0.05 mm；精磨时，横向进给量为（0.05 ~ 0.1）B/ 双行程（B 为砂轮宽度），垂直进给量为 0.005 ~ 0.01 mm。

三、工件的装夹

电磁吸盘是平面磨削中最常用的夹具之一，用于钢、铸铁等磁性材料制成的有两个平行平面的工件的装夹。

电磁吸盘的外形有矩形和圆形两种，分别用于矩形工作台平面磨床和圆形工作台平面磨床。

1. 平面磨削基准面的选择原则

平面磨削基准面的选择准确与否将直接影响工件的加工精度，其选择原则如下。

（1）在一般情况下，应选择表面粗糙度值较小的面为基准面。

（2）在磨削大小不等的平面时，应选择大面为基准，这样装夹稳固，并有利于以磨去较少余量达到平行度要求。

（3）在平行面有几何公差要求时，应选择几何公差较小的面为基准面。

（4）根据工件的技术要求和上一道工序的加工情况来选择基准面。

2. 装夹步骤

（1）把电磁吸盘台面和工件基准面擦净，并用磨石或细砂纸去除毛刺或硬点。

（2）把工件放到台面上（见图 5–15）。多件加工时，可按一定序列排满工件，以提高磨削效率。

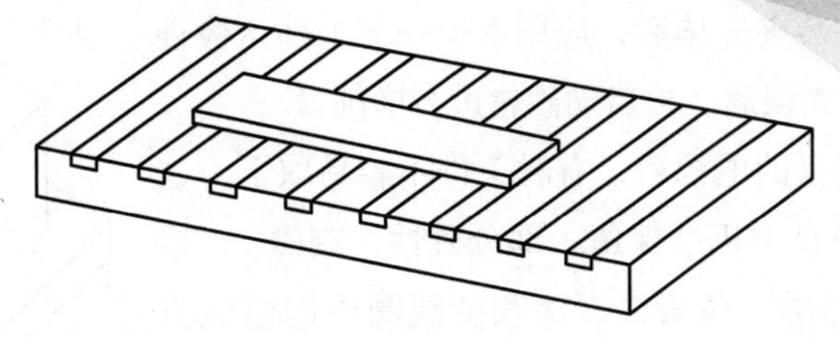

图 5-15　工件的装夹

（3）转动电磁吸盘工作状态选择开关至“通磁”位置，将工件吸牢。

（4）工件加工完毕后，将开关转至“退磁”位置，工件即可取下。

3. 安全技术

（1）装夹工件时，工件定位表面盖住绝缘磁层条数应尽可能地多，以充分利用磁性吸力。对于小而薄的工件应放在绝缘磁层中间（见图 5-16b），要避免放成图 5-16a 所示的位置，并在其左右放置挡板（见图 5-16c）以防止工件松动。

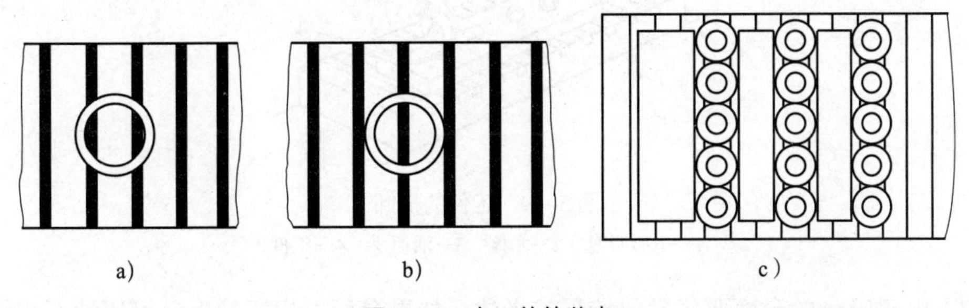

图 5-16　小工件的装夹

（2）磨削加工体积较小、厚度较薄的工件时，由于磁性吸力小，工件很容易被弹出台面，为避免事故，可根据被加工工件体积的大小制作一块工艺挡板（见图 5-17），挡板厚度略小于工件厚度。

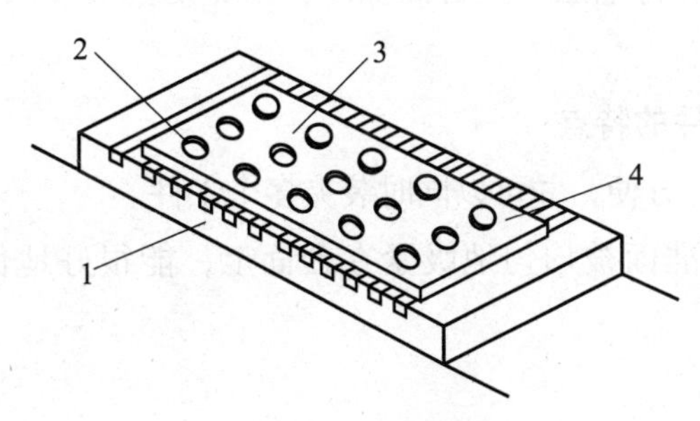

图 5-17　工艺挡板

1—电磁吸盘　2—定位孔　3—工艺挡板　4—工件

（3）装夹高度大于宽度的工件时，可在工件前面（磨削力方向）加放一块撞块。如果工件定位面积相当小，则应在工件四周加上面积较大、高度略低于工件的挡板（见图 5-18），以防工件在磨削过程中因吸力不够造成突然倾倒，使砂轮碎裂事故发生。

（4）在每次工件装夹完毕后，应用手拉一下工件，检查工件是否吸牢，检查无误后，再启动砂轮进行磨削。

（5）关掉电磁吸盘的电源后，有时工件不容易取下，这是因为工件和电磁吸盘上仍会保留一部分磁性（剩磁），这时需将开关转到“退磁”位置，多次改变线圈中的电流方向，待剩磁消失，工件即可取下。

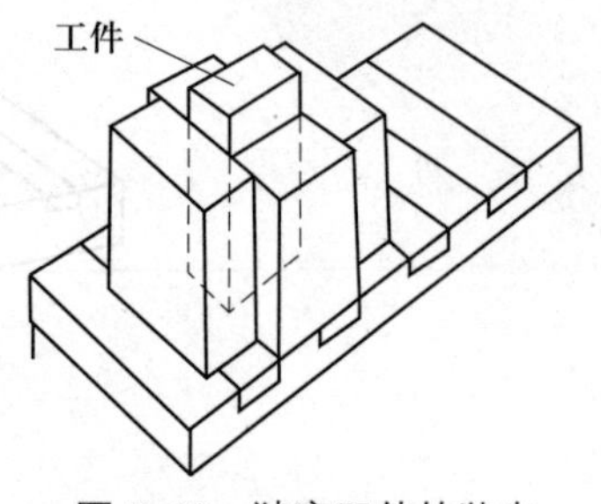

图 5–18　狭高工件的装夹

（6）当从台面上取下底面积较大的工件时，由于剩磁及光滑表面间黏附力较大，不容易把工件取下来，这时可用木棒、铜棒或扳手在合适的位置将工件扳松，然后取下工件。切不可直接用力将工件从台面上硬拉下来，以免工件表面与工作台台面被拉毛损伤（见图 5–19）。

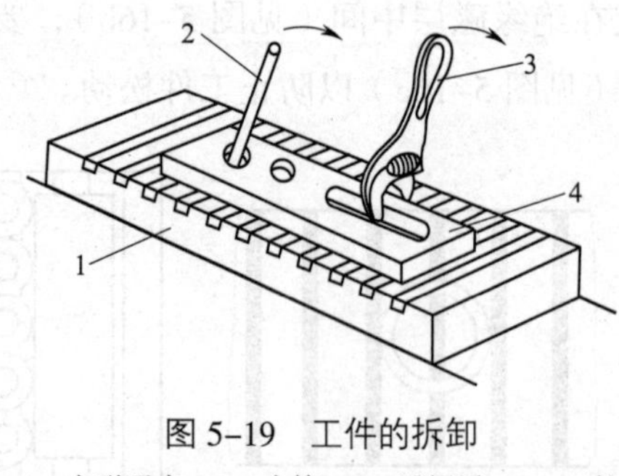

图 5–19　工件的拆卸
1—电磁吸盘　2—木棒　3—活扳手　4—工件

（7）电磁吸盘的台面要经常保持平整光洁，如果台面上出现拉毛，可用油石或细砂纸修光，再用金相砂纸抛光。如果台面上划痕和细麻点较多，或者台面已经不平时，可以对电磁吸盘台面做一次修磨。修磨时，将电磁吸盘接通电源，处于工作状态。磨削量和进给量要小，冷却要充分。要尽量减少修磨次数，以延长其使用寿命。

（8）工作结束后，应将电磁吸盘台面擦净，以免切削液渗入吸盘体内，使线圈受潮损坏。

4. 电磁吸盘装夹工件的特点

（1）工件装卸迅速、方便，并可以同时装夹多个工件。

（2）工件的定位基准面被均匀地吸紧在台面上，能很好地保证平行平面的平行度公差。

（3）装夹稳固可靠。

四、磨削平行面工件

1. 加工步骤

（1）用锉刀、磨石或砂纸等，除去工件基准面上的毛刺或热处理后的氧化层。

（2）以工件基准面在电磁吸盘台面上定位。批量加工时，可先将毛坯尺寸粗略测量一

下，按尺寸大小分类，并按顺序排列在台面上，然后通磁吸住工件。

（3）启动液压泵，移动工作台撞块，调整工作台行程距离，使砂轮越出工件表面20 ~ 30 mm（见图5–20）。

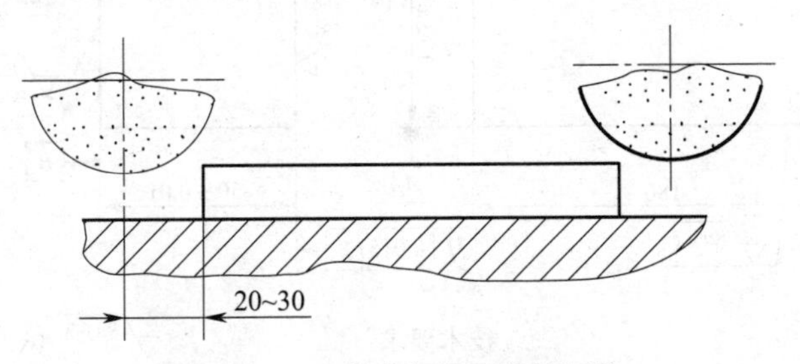

图5–20　工作台行程距离的调整

（4）降低砂轮架高度，使砂轮接近工件表面，然后启动砂轮，做纵向进给；先从工件尺寸较大处进刀，用横向磨削法磨出上平面或磨去磨削余量的一半。

（5）以磨过的平面为基准面，磨削另一平面至图样要求。

2. 注意事项

（1）装夹工件时，应将工件定位面清理干净，磁性台面也应保持清洁，以免混入杂物，影响工件的平行度和划伤工件表面。

（2）在磨削平行面时，砂轮横向进给应选择断续进给，不能选择连续进给；砂轮在工件边缘越出砂轮宽度的1/2距离时应立即换向，不能在砂轮全部越出工件平面后换向，以免产生塌角。

（3）粗磨第一面后应测量平面度误差，粗磨一对平行面后应测量平行度误差，以及时了解磨床精度和平行度误差的数值。

（4）加工中应经常测量尺寸。尺寸测量后工件重新放在台面上时，必须将台面和工件基准面擦净。

3. 磨削垫块

（1）图样和技术要求

如图5–21所示为垫块，其材料为45钢，淬火后硬度为40 ~ 45HRC，尺寸为（50 ± 0.01）mm和（100 ± 0.01）mm，平行度公差为0.015 mm，*B*面的平面度公差为0.01 mm，磨削表面的表面粗糙度值*Ra*为0.8 μm。

（2）工件磨削步骤

1）修整砂轮。

2）检查磨削余量。批量加工时，可先将毛坯尺寸粗略测量一下，按尺寸大小分类，并按顺序排列在台面上。

3）擦净电磁吸盘台面，清除工件毛刺、氧化皮。

4）将工件装夹在电磁吸盘上，接通电源。

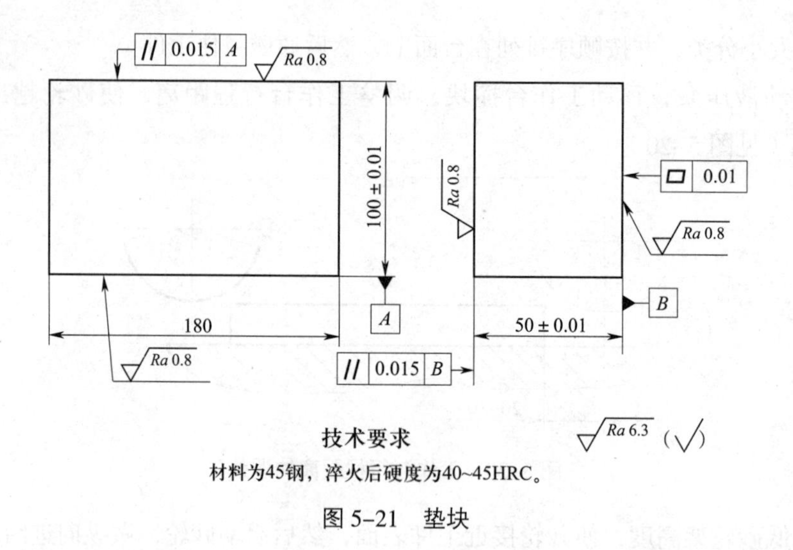

图 5-21　垫块

5）启动液压泵，移动工作台行程撞块位置，调整工作台行程距离，使砂轮越出工件表面 20 mm 左右。

6）先磨削尺寸为 50 mm 的两平面。降低磨头高度，使砂轮接近工件表面，然后启动砂轮，做纵向进给，先从工件尺寸较大处进刀，用横向磨削法粗磨 *B* 面，磨出即可。

7）翻身装夹，装夹前清除毛刺。

8）粗磨另一平面，留 0.06 ~ 0.08 mm 精磨余量，保证平行度误差不大于 0.015 mm。

9）精修整砂轮。

10）精磨平面，表面粗糙度值 *Ra* 控制在 0.8 μm 以内，保证另一面的精磨余量为 0.04 ~ 0.06 mm。

11）翻身装夹，装夹前清除毛刺。

12）精磨另一平面。保证厚度尺寸为（50 ± 0.01）mm，平行度误差不大于 0.015 mm，表面粗糙度值 *Ra* 在 0.8 μm 以内。

13）重复上述步骤，磨削尺寸为 100 mm 的两面至图样要求。

五、平行面工件的质量检验

1. 平面度的检验方法

（1）透光法

采用样板平尺测量。样板平尺有刀刃式、宽面式和楔式等几种，常用的是刀口尺。测量时，将平口刃口朝下，垂直放在被测平面上，对着光源，观察刃口与平面之间缝隙的透光是否均匀。若各处都不透光，表明工件平面度误差很小；若有个别段透光，则可凭操作者的经验，估计出平面度误差的大小（见图 5-22）。

（2）着色法

在工件的平面上涂一层很薄的显示剂（红印油、红丹粉等），将工件放到测量平板上，

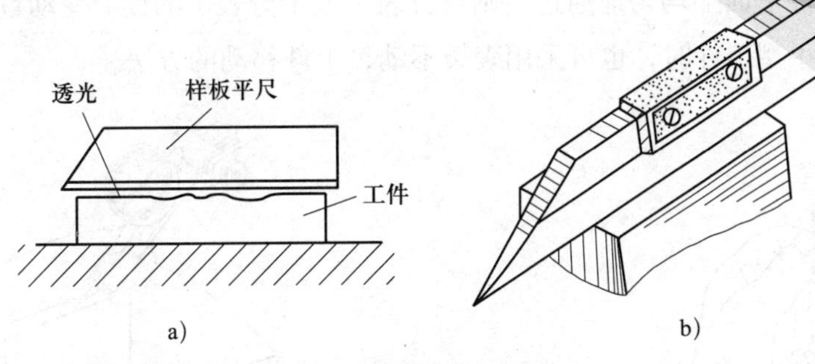

图 5–22　用透光法测量平面度

使涂显示剂的平面与平板接触，然后双手扶住工件，在平板上平稳地移动（呈 8 字形移动）。移动数次后取下工件，观察平面上摩擦痕迹的分布情况，确定平面度误差。

（3）用千分表检验

如图 5–23 所示，在精密平板上用三只千斤顶顶住工件，并且用千分表把工件表面 *A*、*B*、*C*、*D* 四点调至高度相等，误差不大于 0.005 mm，然后再用千分表测量整个平面，其读数的变动量就是平面度误差值。测量时，平板和千分表底座要清洁，移动千分表时要平稳。这种方法测量精度较高，而且可以得到平面度误差值，但测量时需有一定的技能和技巧。

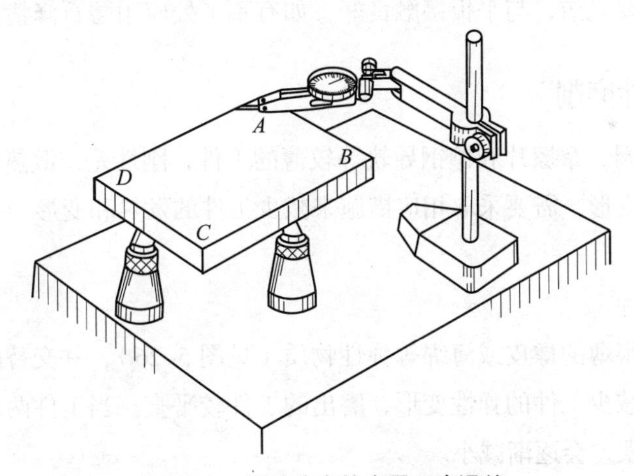

图 5–23　用千分表检查平面度误差

2. 平行度的检验方法

（1）用千分尺测量

根据工件的厚度，选用合适规格的千分尺测量工件上相隔一定距离的厚度，若干点厚度的最大差值即为工件的平行度误差（见图 5–24）。测量点越多，测量值越精确。

（2）用杠杆式百分表或千分表在平板上测量工件的平行度

如图 5–25 所示，将工件和杠杆式表架放在测量平板上，调整表杆，使杠杆式百分表（或千分表）的表头接触工件平面（约压缩 0.1 mm），然后移动表架，使百分表（或千分表）的表头在工件平面上均匀地通过，则百分表（或千分表）的读数变动量就是工件的平行度误差。测量小型工件时，也可采用表架不动，工件移动的方法。

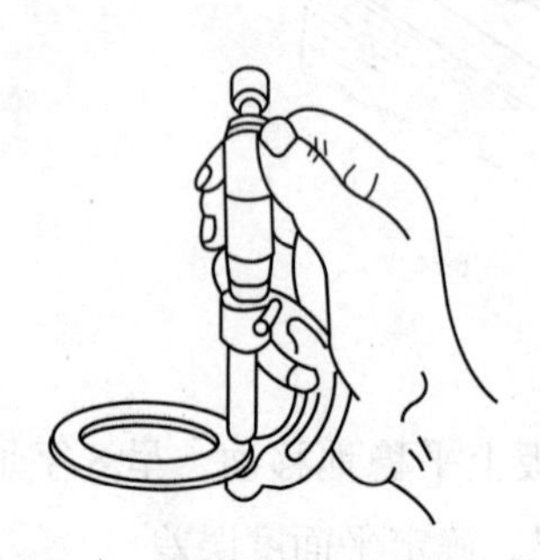

图 5–24　用千分尺测量平行度

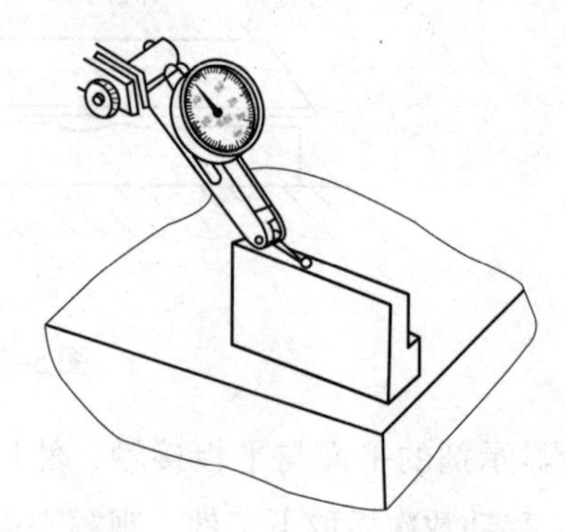

图 5–25　用杠杆式百分表在平板上测量平行度

3. 注意事项

（1）用着色法检验平面度时，工件与平板要保持清洁，显示剂不能混入杂质，涂层要薄而均匀，黏度适中，以保证测量精度。

（2）在平板上测量工件的平行度时，要保持工件基准面清洁，不能有硬点或毛刺，测量平板的精度要高，表面不能有划痕或硬点。测量时，工件要轻轻地放到平板上。杠杆式表架的底座测量面要光洁，与平板接触良好，如有不平处应用磨石修整。

六、薄片工件磨削

有些工件如垫圈、摩擦片和镶钢导轨等较薄的工件，刚性差，散热困难，磨削时很容易受热变形和受力变形，需要采取相应措施来减少工件的发热和变形。

1. 装夹方法

（1）垫弹性垫片

在工件下面垫很薄的橡皮或海绵等弹性物质（见图 5–26），并交替磨削两平面。因橡皮等能够压缩，可减少工件的弹性变形，磨出的工件较平直。当工件两平面交替磨削几次后，工件的平面度误差会逐渐减小。

（2）垫纸

首先要分辨出弯曲的方向，用电工纸垫入空隙处，并粘在工件上（见图 5–27），以垫平的一面吸在电磁吸盘上，磨削另一面。磨削出一个基准面并交替磨削两面。

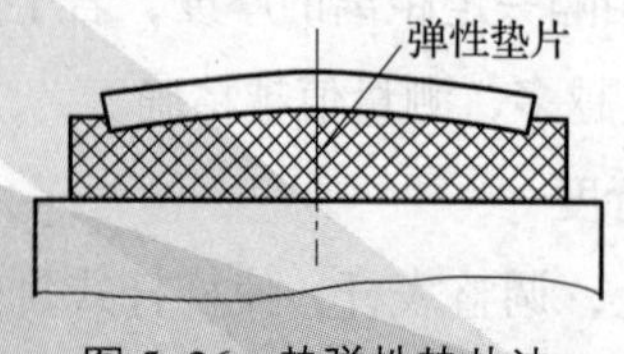

图 5–26　垫弹性垫片法

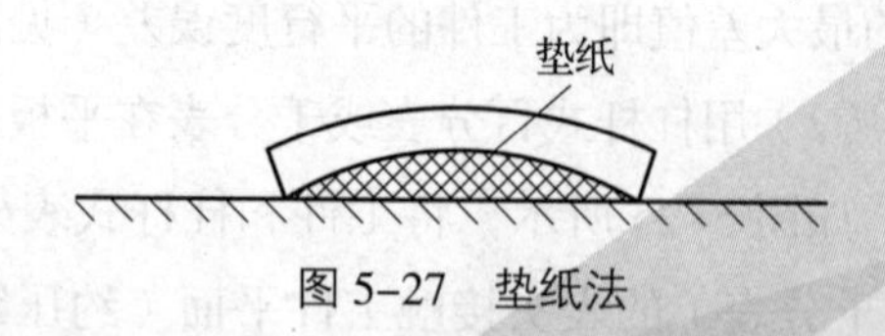

图 5–27　垫纸法

（3）涂蜡

工件一面涂以白蜡，并在砂轮端平面上摩擦，使之与工件齐平（见图 5-28），吸住该面磨削另一面。磨削出一个基准面并交替磨削两面。

（4）用导磁铁

为了减小电磁对工件的吸力，可以把工件放在导磁铁上（见图 5-29）。导磁铁的绝磁层与电磁吸盘绝磁层对齐，导磁铁的高度应适当，保证工件能吸牢。由于导磁铁的作用，磁力线对工件的吸力减小，而使工件弹性变形得到改善。

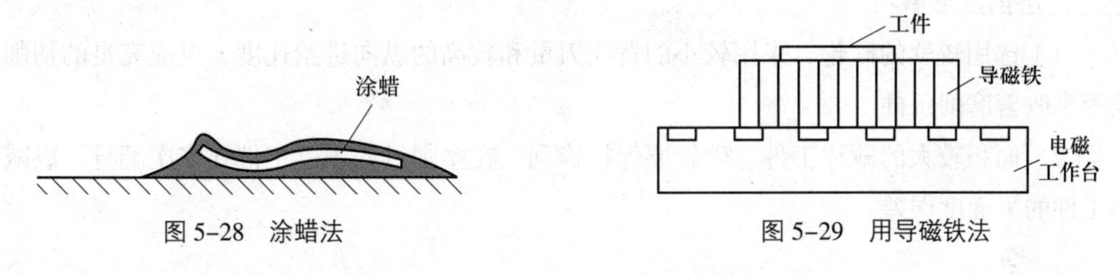

图 5-28　涂蜡法　　　图 5-29　用导磁铁法

（5）在外圆磨床上磨削

薄片环形工件可空套在夹具端面的小台阶上（见图 5-30），靠摩擦力带动工件旋转，弹性变形基本不存在。转动头架时，用竹片轻挡工件的被磨削面。两面交替磨削。磨削前要将砂轮修成内凹形，以减小工件的变形。

（6）用夹具

有些零件如长导轨，磨削时可以采用专用夹具装夹（见图 5-31），将工件一面磨好，减少弹性变形。然后以此面为基准吸在电磁吸盘上磨另一平面。

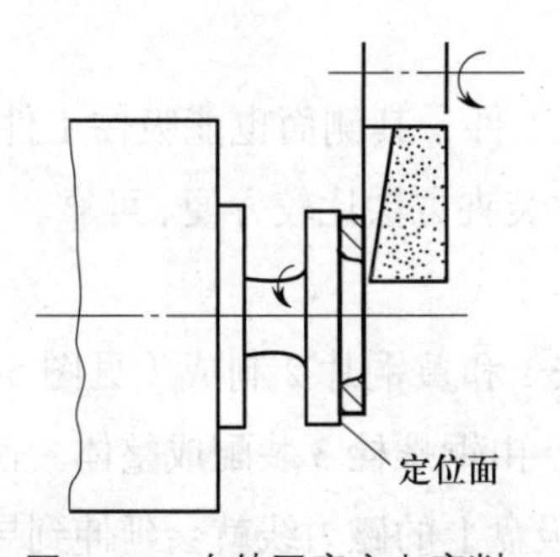

图 5-30　在外圆磨床上磨削

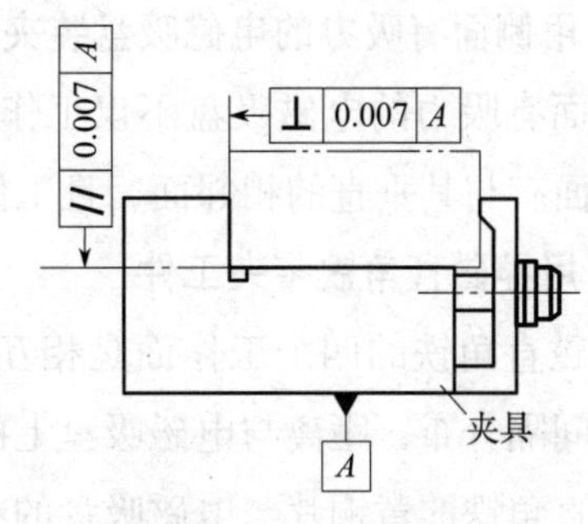

图 5-31　用专用夹具

（7）先研磨出一个基准面

先研磨出一个基准面（见图 5-32），然后吸盘吸住磨削另一面，再交替磨削。

（8）利用工作台剩磁

工作台剩磁吸力比较小，可以利用这一点装夹小工件（见图 5-33），减小弹性变形。注意磨削深度一定要小，并充分冷却。

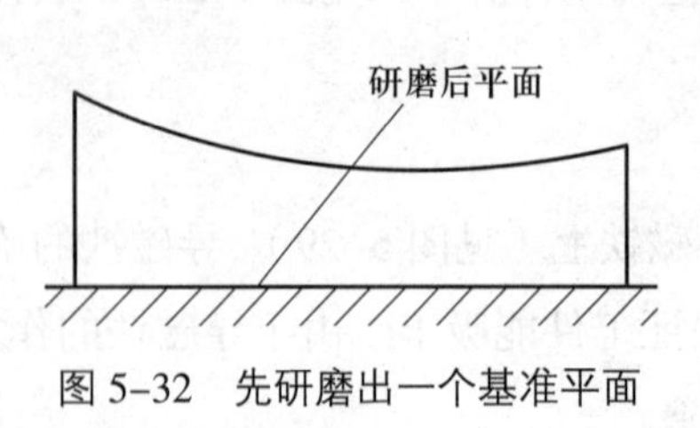

图 5–32　先研磨出一个基准平面

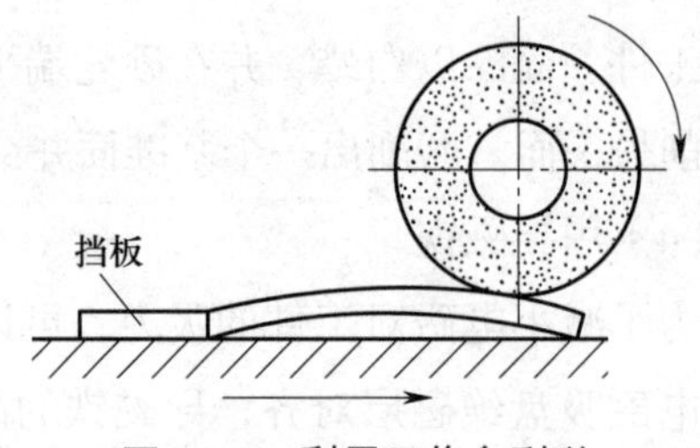

图 5–33　利用工作台剩磁

2. 磨削注意事项

（1）选用较软的砂轮、采用较小的背吃刀量和较高的纵向进给速度，供应充足的切削液等来改善磨削条件。

（2）面积较大的薄片工件，砂轮要保持锋利。在磨削过程中，工件要多次翻身，以减小工件的平面度误差。

课题四　垂直平面的磨削

垂直平面是指被磨削平面与基准面成 90° 角的平面。工件装夹的方法有很多，但不论哪种方法都要保证平面间的垂直度要求和表面粗糙度要求。

一、工件的装夹

1. 用侧面有吸力的电磁吸盘装夹

侧面有吸力的电磁吸盘不仅工作台的上平面能吸住工件，其侧面也能吸住工件。若被磨平面有与其垂直的相邻面，且工件体积不大时，用此装夹方法比较方便、可靠。

2. 用导磁直角铁装夹工件

导磁直角铁的四个工作面是相互垂直的。它由纯铁 1 和黄铜片 2 制成（见图 5–34）。黄铜片间隔分布，距离与电磁吸盘上的绝磁层距离相等，由铜螺栓 3 装配成整体。使用时将导磁直角铁的黄铜片与电磁吸盘的绝磁层对齐，电磁吸盘上的磁力线就会延伸到导磁直角铁上。这样，当电磁吸盘通电时，工件的侧面就被吸在导磁直角铁的侧面上。这种方法适用于装夹比较狭长的工件。

3. 用精密平口钳装夹工件

磨削垂直面时，先把平口钳的底平面吸紧在电磁吸盘上，再把工件夹在钳口内，先磨削第一面，然后把平口钳连同工件一起翻转 90°，将平口钳侧面吸紧在电磁吸盘上，再磨削垂直面。这种方法适用于装夹小型或非磁性材料的工件及被磨平面的相邻面为垂直平面的工件，如图 5–35 所示。

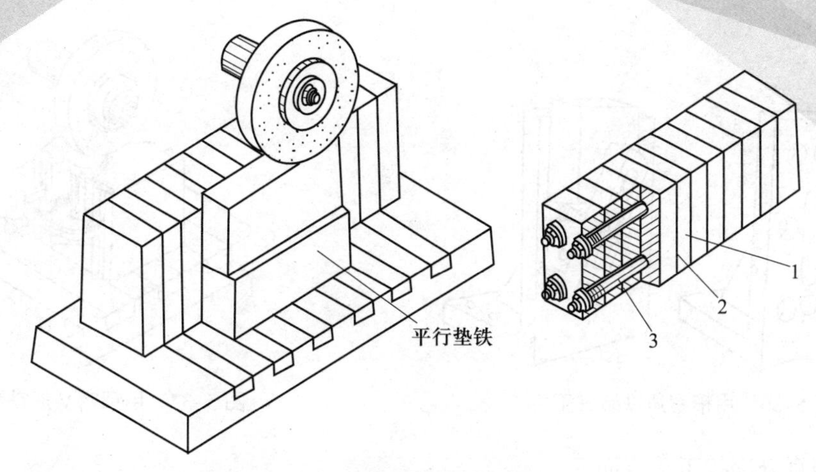

图 5-34　用导磁直角铁装夹工件
1—纯铁　2—黄铜片　3—铜螺栓

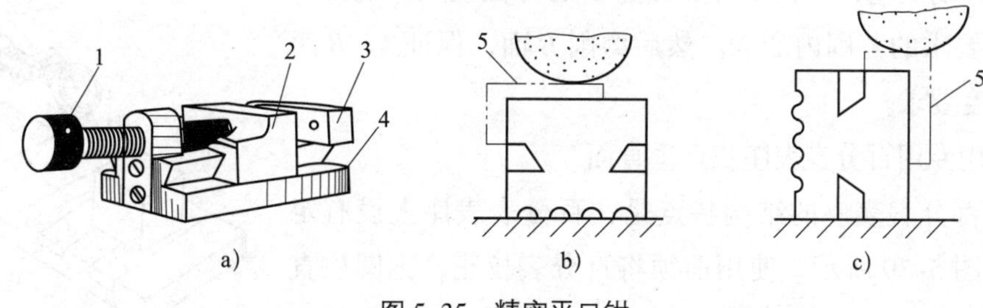

图 5-35　精密平口钳
a）平口钳　b）磨削第一面　c）磨削垂直面
1—螺杆　2—活动钳口　3—固定钳口　4—底座　5—工件

4. 用精密角铁装夹工件

精密角铁是用铸铁制成的，具有两个相互垂直的工作平面（见图 5-36），垂直度公差为 0.005 mm。磨削时先将角铁吸紧在电磁吸盘上，把工件精加工过的面紧贴在角铁的垂直面上，再用百分表找正被加工平面成水平位置，最后用压板将工件压紧。用精密角铁装夹磨削垂直平面时，工件的质量和体积不能大于角铁的质量和体积。角铁上的定位柱高度应和工件厚度基本一致，压板在压紧工件时受力要均匀，装夹要稳固。工件在未找正前，压板应压得松一些，以便校正。这种方法可以获得较高的垂直精度，适用于工具、夹具的制造。

5. 用精密 V 形铁装夹工件

如图 5-37 所示为用精密 V 形铁装夹圆柱工件，磨削圆柱形工件端面，可保证端面对圆柱轴线的垂直度要求。这种方法适用于磨削较大的圆柱端面零件。

6. 用垫纸法磨削垂直面

当缺少上面提到的工具时可采用垫纸法。将工件的一个平面精磨后，找正垂直面进行磨削。

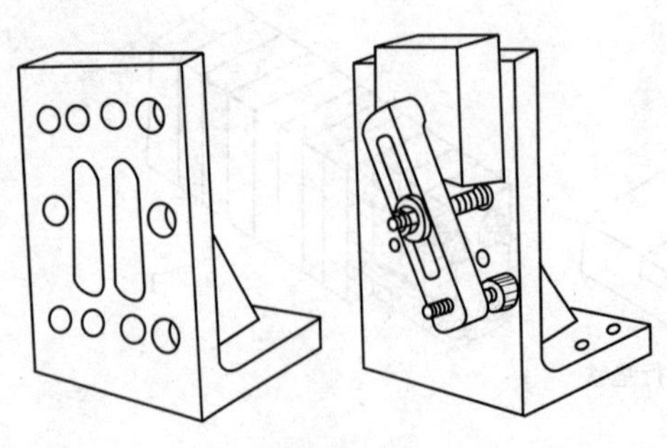
图 5-36 用精密角铁装夹工件

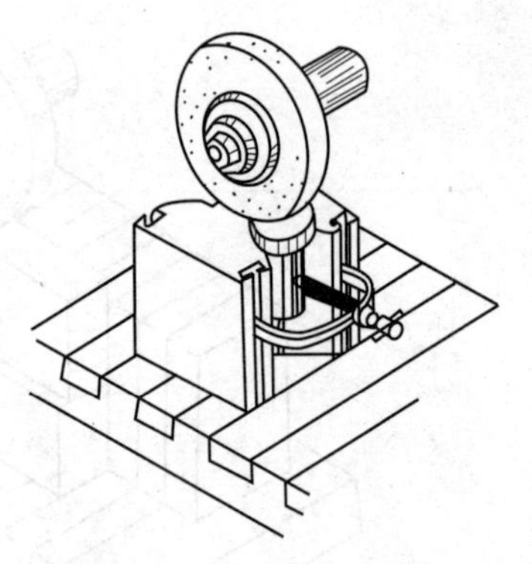
图 5-37 用精密 V 形铁装夹工件

（1）用百分表找正垂直面

将百分表固定在磨头上（见图 5-38），升降磨头，测量 *A* 面的垂直度误差，并在工件底面适当的部位垫纸，使百分表读数在要求的范围内变动。然后磨削 *B* 面，保证 *A*、*B* 两面的垂直度要求。

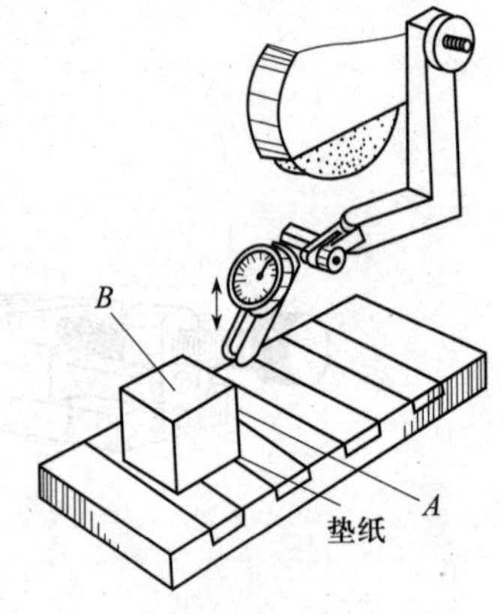

图 5-38 用百分表找正垂直面

（2）用专用百分表表座找正垂直面

专用百分表表座的结构特点是在百分表表座上设有定位点，如图 5-39 所示。使用前须将百分表校正，把圆柱直角尺放在平板上，用百分表表座的定位点接触圆柱直角尺表面，再将表座的百分表读数调到零位，此时读数值到定位点所组成空间平面与底面垂直（见图 5-39a），然后再测量工件，方法同上；百分表表座定位点接触工件，再观察百分表的读数（见图 5-39b）。如果比测量圆柱直角尺的读数大，那就在工件的右底面垫纸，垫纸厚度可根据读数值确定。使用这种方法加工精度较高，找正时要防止百分表走动。

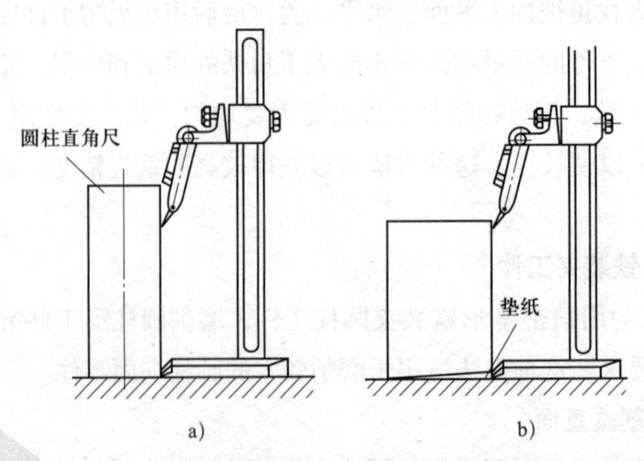

图 5-39 用专用百分表表座找正垂直面
a）校正百分表 b）测量工件

二、常用磨削方法

1. 用精密平口钳装夹磨削垂直平面

（1）磨削步骤

1）把平口钳的底面吸紧在电磁吸盘上，并使钳口夹紧平面与工作台运动方向相同；然后用百分表找正钳口夹紧平面，一般误差应在 0.05 mm 之内（见图 5–40）。

2）调节平口钳传动螺杆，将工件夹在钳口内，使工件平面略高于钳口平面，然后用百分表找正工件待磨平面，一般误差应在 0.03 mm 之内（见图 5–41），找正后装夹工件。

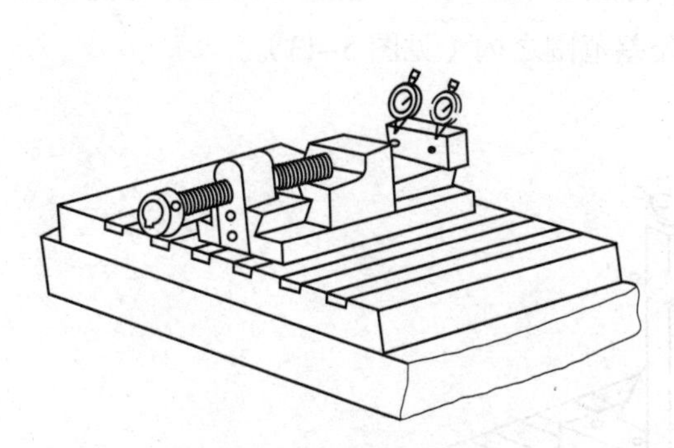

图 5–40　钳口夹紧平面的找正

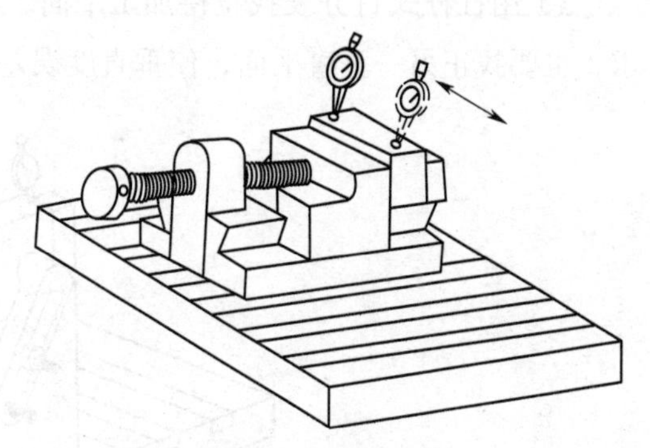

图 5–41　工件的找正

3）调整工作台行程距离及磨头高度，使砂轮处于磨削位置。

4）磨削工件平面，使平面度符合图样要求（见图 5–42a）。

5）将平口钳连同工件一起翻转 90°，平口钳侧面吸在电磁吸盘台面上。

6）磨削工件垂直面，使工件垂直度符合图样要求（见图 5–42b）。

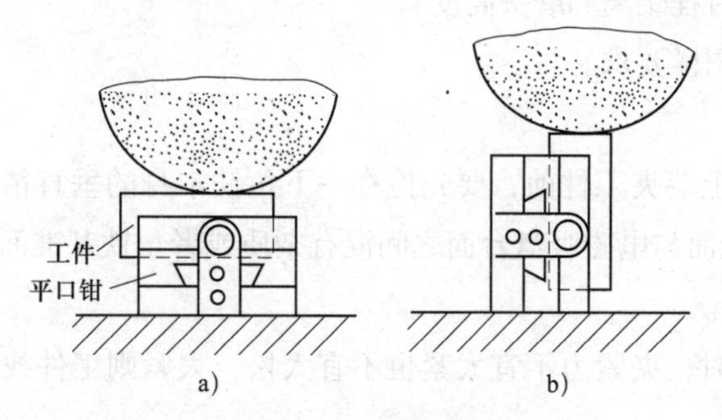

图 5–42　用平口钳装夹磨削垂直平面

a）磨削工件平面　b）磨削工件垂直面

（2）注意事项

1）用平口钳装夹磨削工件可以获得较高的平面度和垂直度，但垂直精度受平口钳本身精度的限制。平口钳使用较长时间后，平面会有磨损。因此，要定期检查平口钳的垂直精度，如有超差应予以修复。

2）用平口钳装夹可以磨削各种材料的工件，不受导磁性的限制；但是在加工铜、铝等硬度较低的材料时，要注意避免将工件轧毛。装夹时，可以在工件与平口钳钳口之间垫一些软性材料，夹紧力不要太大。

2. 用精密角铁装夹磨削垂直平面

（1）磨削步骤

1）把精密角铁放到电磁吸盘台面上，并使精密角铁垂直平面，且与工作台运动方向平行。

2）把工件已精加工的面紧贴在角铁的垂直平面上，用压板和螺钉、螺母稍微压紧。

3）用杠杆式百分表找正待加工平面。如果待加工平面与另一垂直平面也有垂直度要求，也要找正另一垂直平面，使垂直度误差在公差范围之内（见图 5–43）。

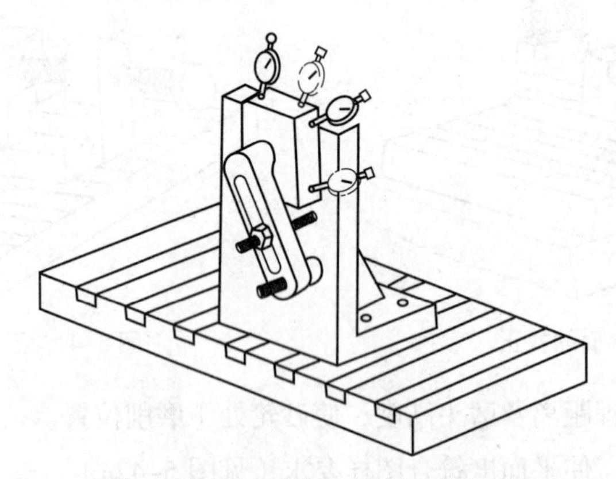

图 5–43　用精密角铁装夹与找正工件

4）旋紧压板螺钉上的螺母，使工件紧固，并用表复校一次。

5）调整工作台行程距离和磨头高度。

6）磨削工件至图样要求。

（2）注意事项

1）在精密角铁上装夹工件前，要先检查一下角铁本身的垂直精度，如有超差，应找出原因，如角铁基准面与电磁吸盘台面之间混有杂质或者角铁基准面有硬点、划痕等，必须经修复后才能使用。

2）工件在找正时，夹紧力不宜太紧也不宜太松，太紧则工件找正困难，太松则找正时工件容易脱落。

3）装夹硬度较低的工件时，应在工件夹紧平面与压板之间垫上软性材料，以防工件被压出印痕。

3. 用圆柱直角尺找正磨削垂直平面

（1）圆柱直角尺的精度要求

圆柱直角尺是表面光滑的圆柱体，圆柱体直径与长度之比一般为 1 : 4，圆柱体的两端平面内凹，使圆柱直角尺以约 10 mm 宽度的圆环面与平板接触，以提高圆柱直角尺的测量

稳定性（见图 5-44）。圆柱直角尺的精度要求很高，表面粗糙度值 Ra 小于 0.1 μm，圆柱度公差小于 0.002 mm，与端面的垂直度误差小于 0.002 mm。

（2）磨削步骤

1）将圆柱直角尺放到测量平板上，然后将工件基准面或已磨过的平面靠在圆柱直角尺的素线上，检查其透光情况。

2）根据透光大小，在工件的底面垫纸。如果工件上段透光，应在工件的右底面垫纸，下段透光，则在工件的左底面垫纸，垫至工件与圆柱的接触面基本无透光为止（见图 5-45）。

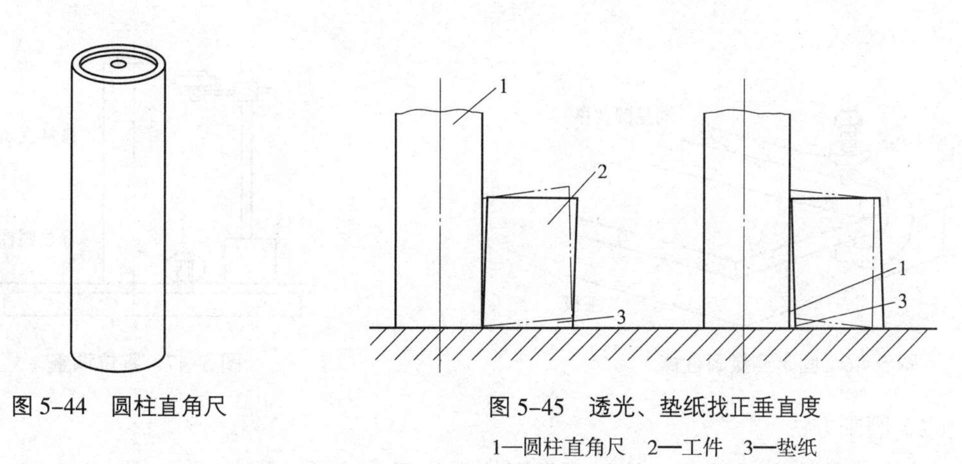

图 5-44　圆柱直角尺

图 5-45　透光、垫纸找正垂直度

1—圆柱直角尺　2—工件　3—垫纸

3）将工件与垫纸一起放到电磁吸盘台面上，通磁吸住。

4）磨出工件的上平面，以磨出的平面为基准，放到测量平板上，检查垂直平面与圆柱直角尺的透光情况。如有误差，应再垫纸找正，经反复多次后使工件的垂直度符合图样要求。

（3）注意事项

1）这种磨削方法一般是在没有专用夹具的情况下采用的，找正比较麻烦，磨削效率低。因此，加工前要充分做好准备工作，如选择好垫纸等。一般可选用电容纸等厚度为 0.02 mm 左右的纸片，纸片要平整光滑，不能有皱褶。

2）找正时如发现垂直度仍有超差，可移动垫纸在工件底面的位置进行找正，但误差较大时，应更换垫纸厚度。

4. 用百分表及测量圆柱棒找正磨削垂直平面

（1）测量工具及零位调整

1）测量工具

测量工具除了常用的钟表式百分表、磁性表架外，还有一根直径为 20 mm 左右的测量圆柱棒，其长度与平板宽度基本相同，在圆柱外圆上有一段光滑平面，便于在平板上装夹。

测量前，先把圆柱棒固定在平板上，一般可用两个C字夹头夹在圆柱棒两端，使之固定不动。也可在圆柱棒两端钻两个带台阶的通孔，并在平板相应位置上钻两个螺纹孔；使用时，只要旋上螺钉即可固定圆柱棒，较为方便（见图5–46）。

2）零位调整步骤

①将圆柱直角尺放到平板上，并与测量圆柱棒靠平。

②将磁性表架连同百分表放到平板上，并调整磁性表架位置，使百分表表头与圆柱直角尺中心最高点接触，表头高度应与工件测量高度基本一致（见图5–47）。

③转动表盘，使表针指向零位，拿开圆柱直角尺，零位调整完毕。

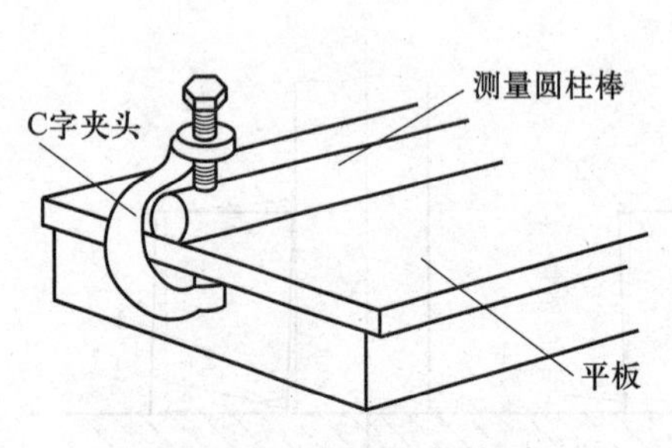

图5–46　固定测量圆柱棒

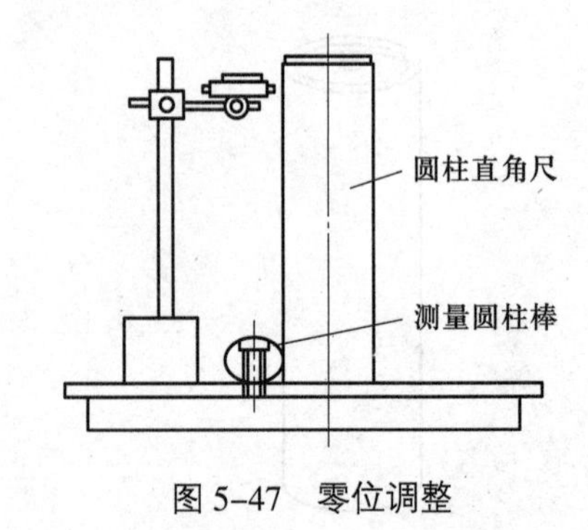

图5–47　零位调整

（2）磨削方法

1）将工件放在平板上，并与测量圆柱棒靠平，观察百分表读数，超过零位的为“+”，反之为“–”。

2）在工件底面垫纸，使百分表的读数接近零位（见图5–48）。

3）将工件与垫纸一起放到电磁吸盘上，通磁吸住，磨削出上平面。

4）以磨出面为基准，放到平板上，再测量垂直面，观察百分表读数，如果不符合要求，则应重新垫纸找正。反复多次，使工件垂直度符合图样要求。

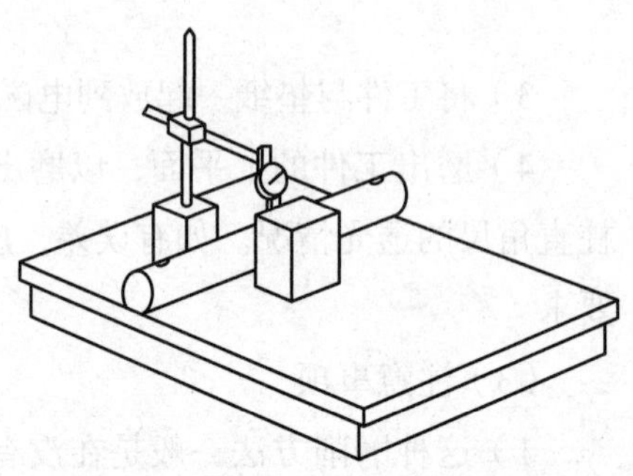
图5–48　用百分表测量磨削垂直平面

（3）注意事项

1）百分表架在零位调整好以后，应固定在平板上，以防零位变动。

2）在调整零位时，百分表的高度应与准备测量的工件高度基本一致，以保证测量精度。

3）垫纸除了厚度要薄以外，宽度也要小一些，以减小测量误差。

5. 磨削六面体

（1）图样和技术要求分析

如图5–49所示为六面体工件，其材料为HT150，三组相对面的尺寸公差均为 ±0.01 mm，

平行度公差均为 0.01 mm，六面间的垂直度公差均为 0.01 mm，六面的表面粗糙度值 *Ra* 均为 0.8 μm。

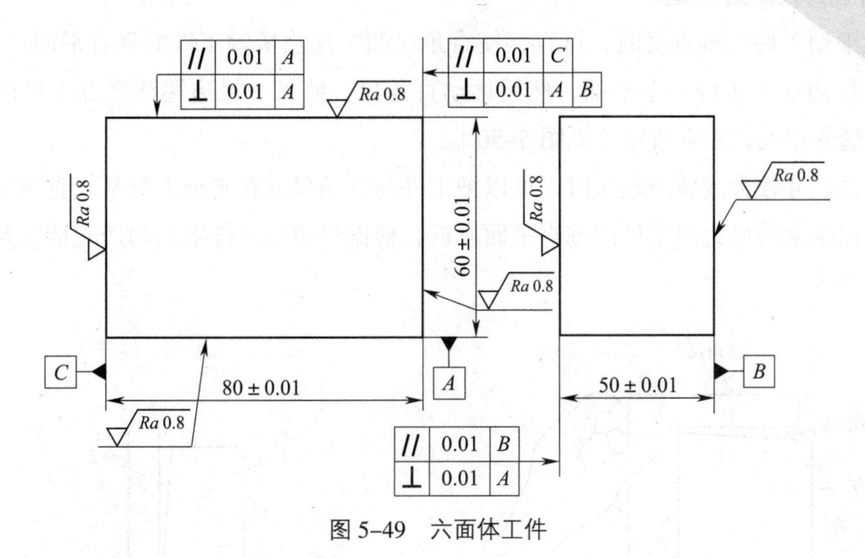

图 5–49　六面体工件

（2）磨削步骤

1）清理工作台和工件表面，检查磨削余量。

2）将工件装夹在电磁吸盘上，调整工作台行程撞块位置。

3）修整砂轮。

4）以 *B* 面为定位基准，粗、精磨对面，磨出即可。

5）翻身粗、精磨 *B* 面至图样要求，即尺寸为（50 ± 0.01）mm，平行度误差不大于 0.01 mm。

6）清理工作台和精密角铁，以 *B* 面为定位基准装夹在精密角铁上，找正 *A* 面后粗、精磨此面，磨出即可。注意检验 *A* 面和 *B* 面垂直度误差不大于 0.01 mm；精密角铁放在电磁吸盘上后，应使角铁垂直平面与工作台运动方向平行；装夹时避免碰伤已加工表面。

7）以 *B* 面为定位基准装夹在精密角铁上，找正 *C* 面，同时找正 *A* 面（此面已磨削），如图 5–43 所示，使待磨削面和 *A* 面的垂直度误差在公差范围内。粗、精磨此面，磨出即可。

8）用电磁吸盘装夹，以 *A* 面为基准，粗磨、精磨正面的对边面至图样要求。

9）用电磁吸盘装夹，以 *C* 面为基准，粗、精磨 *C* 面的对面至图样要求。

以上是用精密角铁装夹磨削垂直面，如果用精密平口钳装夹磨削垂直面，其中步骤 6）、7）相应改为：

6）以 *B* 面为定位基准装夹在精密平口钳中，找正 *A*、*C* 两面，粗、精磨 *A* 面，磨出即可。

7）将精密平口钳连同工件一起翻转 90°，粗、精磨 *C* 面，磨出即可。*A*、*B*、*C* 三面垂直度由精密平口钳本身的精度保证。

三、垂直面工件的质量检验

1. 用直角尺测量垂直度

测量小型工件的垂直度时，可直接使直角尺两个尺边接触工件的垂直平面。测量时，先使一个尺边贴紧工件一个平面，然后移动直角尺，使另一尺边逐渐靠近工件的另一平面，根据透光情况判断垂直度（见图 5–50）。

当工件尺寸较大或质量较大时，可以把工件与直角尺放在平板上测量。直角尺垂直放置，与平板垂直的尺边向工件的垂直平面靠近，根据尺边与工件平面的透光情况判断垂直度（见图 5–51）。

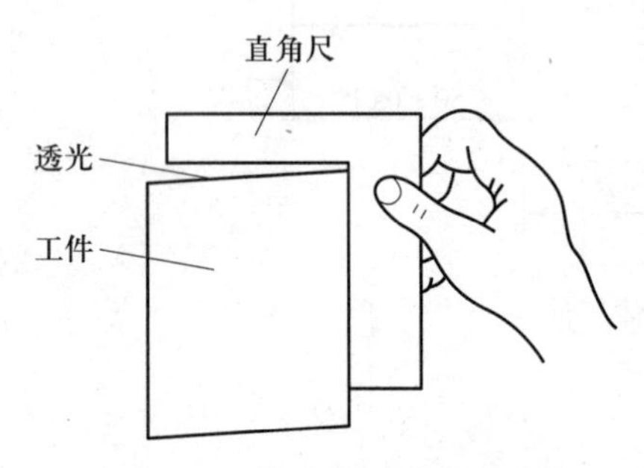

图 5–50　用直角尺测量垂直度

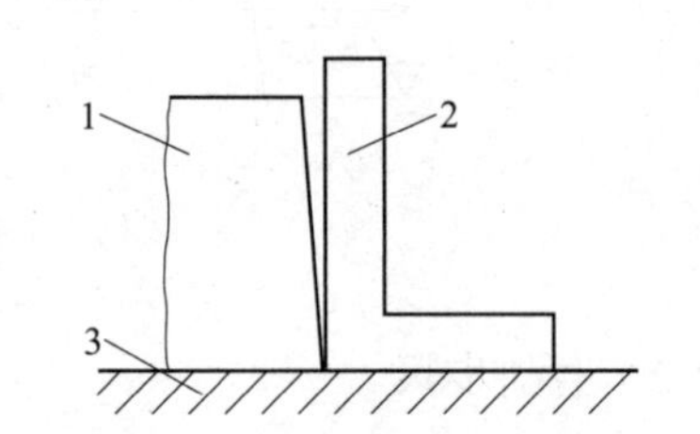

图 5–51　用直角尺在平板上测量垂直度

1—被测工件　2—直角尺　3—精密平板

2. 用圆柱直角尺与塞尺测量垂直度

把工件与圆柱直角尺放到平板上，使工件贴紧圆柱直角尺，观察透光的位置和缝隙大小，选择合适的塞尺塞进空隙（见图 5–52）。先选尺寸较小的塞尺塞进空隙内，然后逐档加大尺寸塞进空隙，直至塞尺塞不进空隙为止，则塞尺标注尺寸即为工件的垂直度误差值。

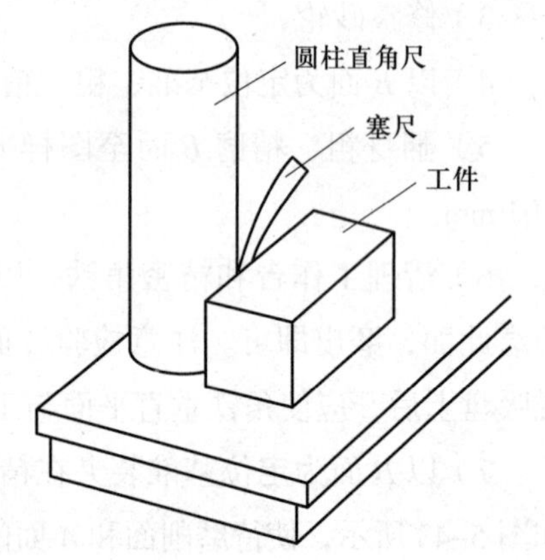

图 5–52　用圆柱直角尺与塞尺测量垂直度

3. 用百分表及测量圆柱棒测量垂直度

前面已介绍了用百分表及测量圆柱棒磨削垂直平面的方法，这种方法能直接反映平面垂直度的误差值，因此也可用来检验垂直度。测量时，应先将工件的平行度误差测量好，将工件的平面轻轻向圆柱测量棒靠紧，此时可从百分表上读出数值。将工件转动 180°，将另一平面也轻轻靠上圆柱测量棒，从百分表上又可读出数值（工件转向测量时，要保证百分表、圆柱测量棒的位置固定不变），两个读数差值的 1/2 即为底面与测量平面的垂直度误差（见图 5–53）。

两平面的垂直度误差也可以用百分表和精密角铁在平板上进行检验。测量时，将工件的一面紧贴在精密角铁的垂直平面上，然后使百分表测头沿着工件的一边向另一边移

动，百分表在全长两点上的读数差就等于工件在该距离上的垂直度误差值，如图 5-54 所示。

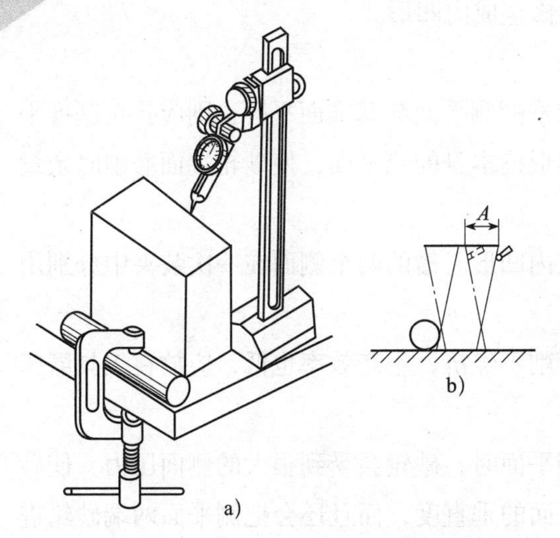

图 5-53　用百分表测量垂直度误差

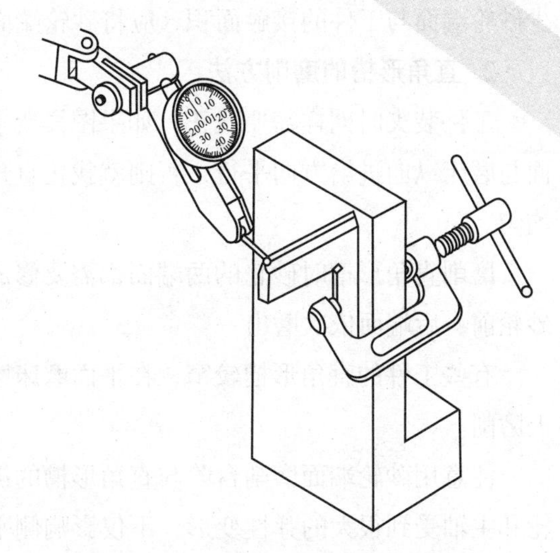
图 5-54　用精密角铁测量垂直度误差

四、台阶和直角形槽的磨削

台阶由两个相互垂直的平面连接而成；直角形槽由两个相互平行的平面和另一个与它们垂直的平面连接而成。为了便于磨削和保证工件的台阶面与其他零件正确配合，在平面的连接处通常都有退刀槽。对台阶和直角形槽的一般技术要求如下。

（1）台阶的两平面要相互垂直，直角形槽两平行侧面应垂直于基准面。

（2）台阶两平面和直角形槽的两侧面与零件上其他面的相互位置精度。

（3）直角形槽宽尺寸精度。

1. 台阶的磨削方法

（1）平行台阶的磨削

工件上 *B* 面、*C* 面是在一次装夹下刨削出来的（见图 5-55）。因此首先要以 *C* 面作为定位基准，磨削 *A* 面（磨出即可），再以 *A* 平面为定位基准，磨出 *C* 平面（这样装夹就保证了 *A* 面、*B* 面和 *C* 面的平行），此时可用深度游标卡尺控制台阶尺寸为 $5_{-0.05}^{0}$ mm，然后再以 *C* 平面为定位基准，磨削 *A* 平面，控制总长为 $15_{-0.3}^{-0.2}$ mm。

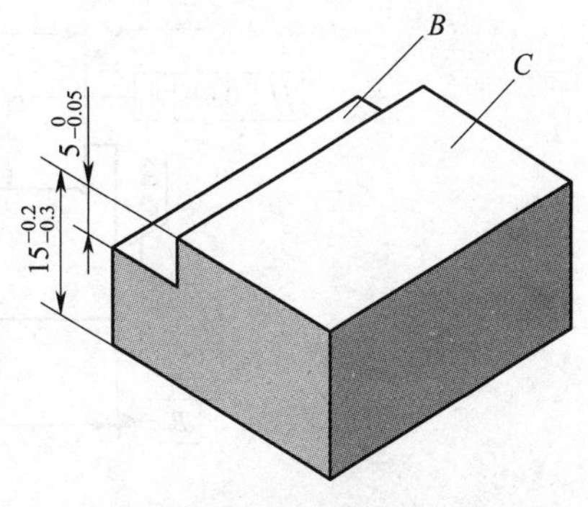

图 5-55　平行台阶工件

（2）垂直台阶面的磨削

在平面磨床上磨削台阶平面时，一般都是在一次装夹中磨好。宽度较大的水平面用砂轮的周面磨削；垂直平面用砂轮的端面磨削。磨削水平面时，要仔细调整砂轮横向进给的撞块，严格防止砂轮端面碰到工件的垂直面，以防碰伤工件造成事故。用砂轮端面磨削垂直面时，用手动横向进给，并使砂轮圆周面与水平面分开，为了减少砂轮端面与工件的接触面积，应将砂轮端面修整成内凹形。

2. 直角形槽的磨削方法

工件装夹时同样需要找正，如果图样要求槽的侧平面与基准面平行，则应找正基准平面与磨床纵向进给方向平行，否则就找正直角形槽本身的侧平面，使砂轮端面磨削时余量均匀。

磨削直角形槽时砂轮的两端面都需要修成内凹形。槽的两个侧面在一次装夹中分别用砂轮前、后端面依次磨出。

有些工件的直角形槽较窄，在平面磨床磨削不经济，生产效率也低，应放在工具磨床上磨削。

注意用砂轮端面磨削台阶与直角形槽的侧平面时，砂轮会受到很大的侧面压力，使砂轮和主轴受到很大的弹性变形，不仅影响侧平面的垂直度，而且还会把侧平面两端砂轮进出口处磨成塌角。因为在进出口处磨削抗力减小，弹性变形略有消失，这个微量的弹性变形消失，就使进出口处多磨去一些金属，对直角形槽则形成上宽下窄、两头宽中间窄的缺陷。为了减少上述缺陷，可采取以下措施。

（1）把参加磨削的砂轮端面的环形宽度修整得尽量窄一些，磨削过程中发现砂轮端面的环形面增宽时要及时修窄。

（2）根据工件磨削余量，分粗、精磨，精磨时横向进给量要尽量小一些。

（3）缩短砂轮超越槽口的距离，在停止横向进给后，对侧面多光磨几次。

3. 带凹槽零件的磨削方法

（1）图样和技术要求分析

如图 5–56 所示为底座工件，其材料为 45 钢，长度为（120 ± 0.01）mm，高度为（50 ± 0.01）mm。右侧对底面的垂直度公差为 0.01 mm，凹槽宽度为 $100^{+0.04}_{0}$ mm，槽右侧对

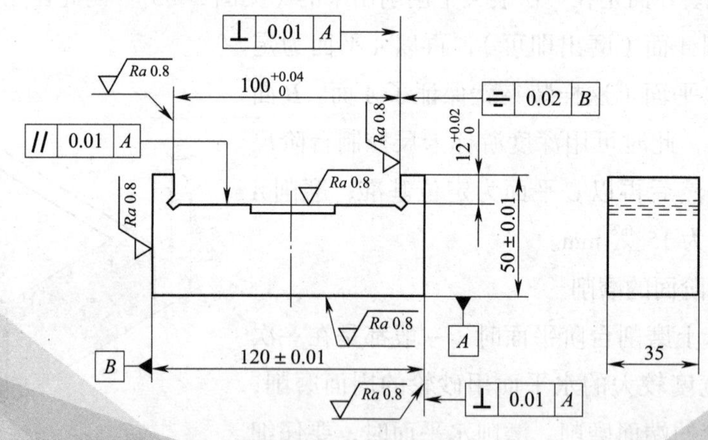

图 5–56　底座工件

底面的垂直度公差为 0.01 mm，凹槽深 $12^{+0.02}_{0}$ mm，槽两侧与中心的对称度公差为 0.02 mm，槽底对底面的平行度公差为 0.01 mm。加工面的表面粗糙度值 *Ra* 均为 0.8 μm。

（2）磨削步骤

1）修整砂轮。

2）检查磨削余量。批量加工时，可先将毛坯尺寸粗略测量一下，按尺寸大小分类，并按顺序排列在台面上。

3）擦净电磁吸盘台面，清除工件毛刺、氧化皮。

4）将工件装夹在电磁吸盘上，接通电源。

5）启动液压泵，移动工作台行程撞块位置，调整工作台行程距离，使砂轮越出工件表面 20 mm 左右。

6）粗、精磨 50 mm 底面至图样要求。

7）翻身，粗、精磨 50 mm 上平面至图样要求。

8）清除工件毛刺，以 *A* 面为定位基准，用精密机用台虎钳装夹，找正工件 120 mm 右侧面。

9）粗、精磨工件 120 mm 右侧面，分配好凹槽两边的余量至图样要求。

10）用电磁吸盘加挡块装夹，粗、精磨工件 120 mm 左侧面至图样要求。

11）修整砂轮周边和端面，将两端面修成内凹形，端面外缘修成 3 mm 左右宽的圆环。

12）去除工件毛刺，测出 120 mm 尺寸的实际值（供磨凹槽时控制对称度使用），清理电磁吸盘台面和工件表面，将底面 *A* 装夹在电磁吸盘上。

13）用百分表找正工件 120 mm 右侧基准面，使之与工作台纵向进给方向平行。

14）移动砂轮架及工作台，调整工作台行程距离，使砂轮在凹槽内做纵向运动。

15）移动砂轮架，使砂轮紧靠凹槽一侧面，做垂直进给，用切入法磨削凹槽底面，留精磨余量为 0.03 ~ 0.05 mm。

16）分段磨削其他几段槽底平面，当砂轮靠近凹槽另一侧面时，注意观察接触火花的状况。

17）精修整砂轮。

18）用横向磨削法精磨凹槽底面至图样要求。

19）砂轮架在垂直方向退出 0.05 ~ 0.10 mm，使砂轮与槽底平面保持一定距离。

20）转动砂轮架横向进给手柄，使砂轮做横向进给，用砂轮端面磨削凹槽右侧面，至 120 mm 右侧面 $10^{+0.005}_{-0.025}$ mm，表面粗糙度值 *Ra* 在 0.8 μm 以内。

21）砂轮做反向横向进给，磨削凹槽另一侧面，至 120 mm 左侧面 $10^{+0.005}_{-0.025}$ mm，同时检测槽深度为 $12^{+0.02}_{0}$ mm，对中心的对称度误差小于 0.02 mm，表面粗糙度值 *Ra* 在 0.8 μm 以内。

（3）注意事项

1）在磨削凹槽侧面时，注意控制凹槽的对称度，一般先控制凹槽右侧面 120 mm 的尺寸，然后控制凹槽尺寸宽度为 100 mm，同时也应测量凹槽左侧面尺寸也为 120 mm。

2）在磨削凹槽侧面时，砂轮的两端面必须修成内凹形，以保证侧面的垂直度误差和平面度误差。

3）在磨削凹槽侧面时，应将砂轮架主轴锁紧，防止主轴轴向窜动，影响加工精度。

4）凹槽的两个侧面必须在一次装夹中磨出，以保证平行度要求。

5）在磨削凹槽侧面时，应采用较小的横向进给量，并把砂轮端面外缘的磨削环修得窄一些，以减少砂轮的侧面压力，保证工件侧面的加工精度。

6）在精磨凹槽底平面时，只能采用手动横向进给，以免砂轮碰撞工件侧面。

课题五　斜面的磨削

一、斜面及其在图样上的表示方法

斜面是指零件上与基准面成任意一个倾斜角度的平面。斜面相对基准面倾斜的程度用斜度来衡量，在图样上有两种表示方法。

1. 用倾斜角度 β（°）表示

主要用于倾斜程度大的斜面。斜角 β 即两面间的夹角，如图 5–57a 所示，斜面与基准面之间的夹角 β=30°。

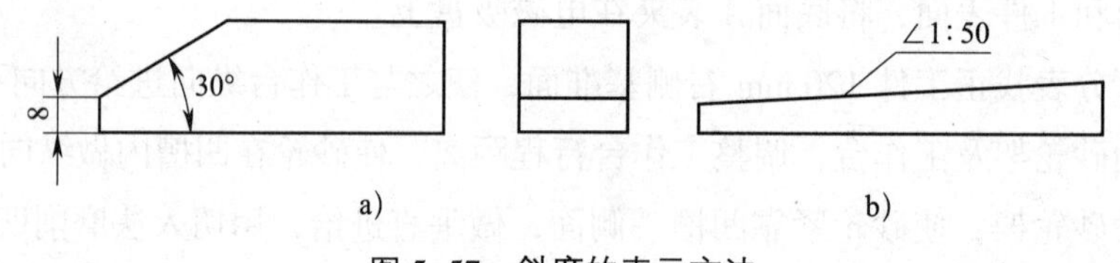

图 5–57　斜度的表示方法

2. 用斜度 S 表示

主要用于倾斜程度小的斜面。如图 5–57b 所示，在 50 mm 长度上，斜面两端至基准面的距离相差 1 mm，用“∠ 1∶50”表示，即

$$S=(H-h)/L$$

式中 H——斜面大端高度，mm；

h——斜面小端高度，mm；

L——长度，mm。

斜度符号的下横线与基准面平行，上斜线的倾斜方向应与斜面的倾斜方向一致，不能画反。

斜度 S 与斜角 β 之间的关系为

$$S=\tan\beta$$

二、工件的装夹

1. 用正弦精密平口钳装夹

正弦精密平口钳主要由带精密平口钳的正弦规与底座组成，如图 5-58 所示。将工件装夹在平口钳中，在正弦圆柱 4 和底座 1 的定位面之间垫入量块组 5，使正弦规与工件一起倾斜成需要的角度，即待磨平面处于水平位置（见图 5-58b），将正弦圆柱 2 用锁紧装置紧固在底座的定位面上，同时拧紧螺钉 3，通过撑条 6 把正弦规紧固，这样即可进行磨削。这种装置最大倾斜角为 45°，适用于磨削小型斜面或非磁性材料的斜面。

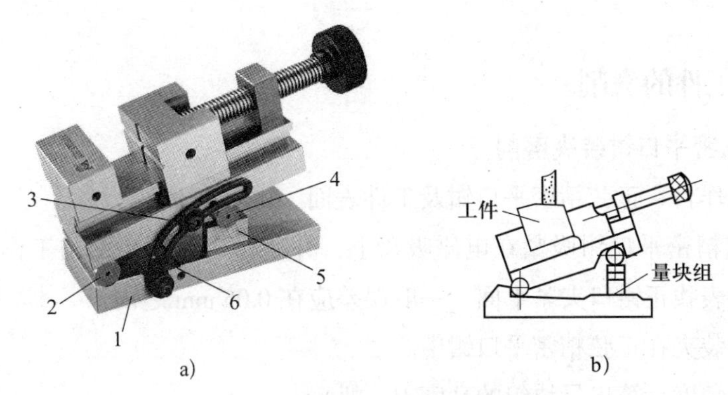

图 5-58　用正弦精密平口钳装夹

1—底座　2、4—正弦圆柱　3—螺钉　5—量块组　6—撑条

2. 用正弦电磁吸盘装夹

把正弦精密平口钳的平口钳换成电磁吸盘，便成了正弦电磁吸盘，如图 5-59 所示。工件安装时在纵向行程方向应找正，这种装置最大的倾斜角同样为 45°，适用于磨削扁平工件（见图 5-59b）。

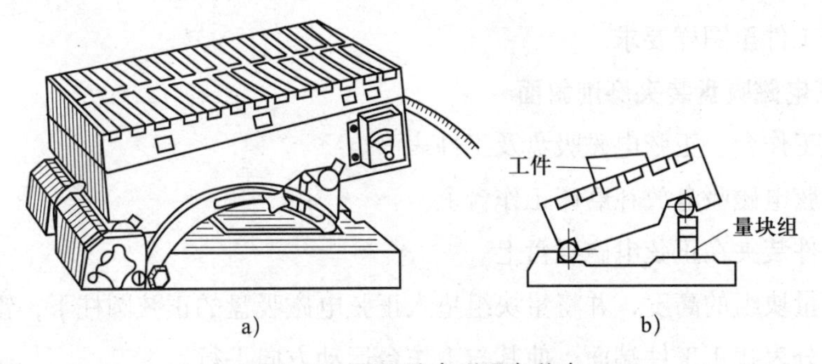

图 5-59　用正弦电磁吸盘装夹

3. 用导磁 V 形铁装夹

导磁 V 形铁（见图 5-60a）的构造、工作原理与导磁铁相似，其两工作面的夹角应根据工件要求制成。图 5-60b、图 5-60c 是磨削斜面时装夹工件的示意图。

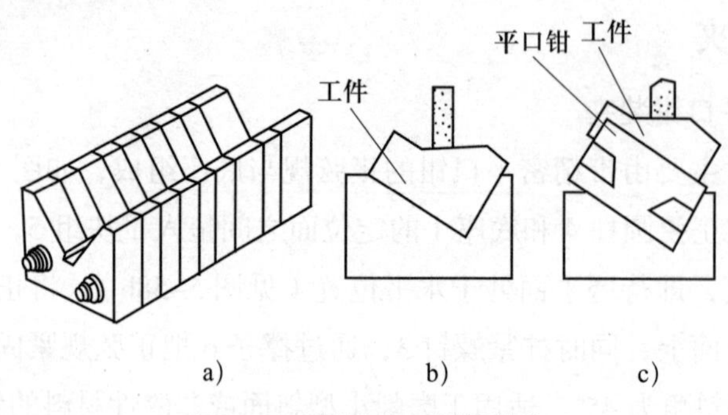

图 5-60　用导磁 V 形块装夹

三、斜面工件的磨削

1. 用正弦精密平口钳装夹磨削

（1）清理工作台、正弦精密平口钳及工件表面。

（2）将正弦精密平口钳吸紧在电磁吸盘上，并使钳口夹紧平面与工作台运动方向相同，然后用百分表找正钳口夹紧平面，一般误差应在 0.05 mm 之内。

（3）将工件装夹在正弦精密平口钳中。

（4）按工件角度计算出量块组的高度 H，即

$$H=L\sin\beta$$

式中　H——量块组高度，mm；

L——正弦圆柱的中心距，mm；

β——工件斜角，（°）。

（5）在正弦规圆柱下垫入经计算后的量块组，并锁紧。

（6）调整工作台行程距离及磨头高度，使砂轮处于磨削位置。

（7）磨削工件至图样要求。

2. 用正弦电磁吸盘装夹磨削斜面

（1）清理工作台、正弦电磁吸盘及工件表面。

（2）将正弦电磁吸盘放在磨床工作台上。

（3）将工件装夹在正弦电磁吸盘上。

（4）计算量块组的高度，并将量块组垫入正弦电磁吸盘的正弦圆柱下，锁紧。

（5）用百分表找正工件端面，使其与工作台运动方向平行。

（6）调整工作台行程距离及磨头高度，使砂轮处于磨削位置。

（7）磨削工件至图样要求。

3. 磨削斜垫块

（1）图样和技术要求分析

如图 5-61 所示为斜垫块工件，其材料为 45 钢，热处理调质后硬度为 220 ~ 250 HRW，

底面 *A* 为基准平面，顶面为斜面，斜角为 15° ± 3′，右侧面为测量基准面，斜面大端高度为（50 ± 0.05）mm，加工面的表面粗糙度值 *Ra* 均为 0.8 μm。

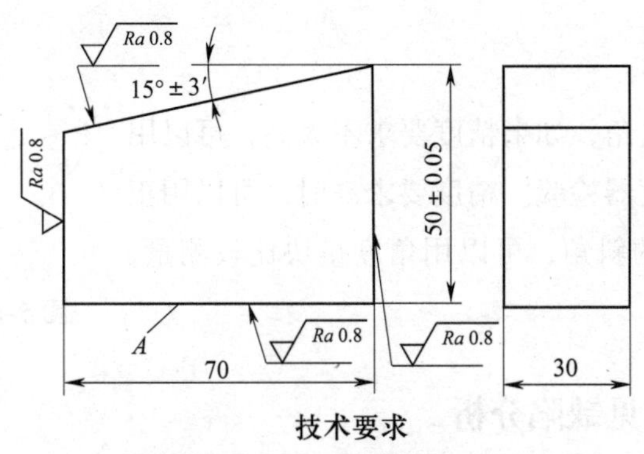

技术要求

材料为45钢，调质处理后硬度为220~250HBW。

图 5–61　斜垫块工件

（2）磨削步骤

1）清理精密平口钳和工件表面，检查加工余量。

2）用精密平口钳装夹工件，斜面朝下，并使工件右侧面伸出钳口 5 mm 以上，找正 *A* 面为水平位置。

3）调整工作台行程。

4）粗、精磨 *A* 面，磨出即可，表面粗糙度值 *Ra* 在 0.8 μm 以内。

5）将平口钳转动 90°，使工件右侧面朝上。

6）粗、精磨工件右侧面，磨出即可，保证对 *A* 面的垂直度误差不大于 0.01 mm，表面粗糙度值 *Ra* 在 0.8 μm 以内。

7）卸去平口钳，用磨床工作台台面以工件右侧面为定位基准，辅以挡块，粗、精磨工件左侧面至图样要求。

8）清理工作台、正弦电磁吸盘及工件表面。

9）工件装夹在正弦电磁吸盘上，垫入经计算后的量块组。用百分表找正工件端面，使其与工作台运动方向平行。

10）精磨斜面至图样要求，大端高度为（50 ± 0.01）mm，斜角为 15° ± 3′，表面粗糙度值 *Ra* 在 0.8 μm 以内。

（3）注意事项

1）工件的两端面在图样中无加工要求，但在磨削外形和斜面时定位、找正时要用到，因此必须经过磨削加工。

2）工件斜面经粗磨后应及时测量斜度。

3）正弦电磁吸盘在磨床工作台上调整位置并固定后，在磨削过程中不能移动；工件在装夹时必须靠紧定位挡板，以保证工件斜面的角度和尺寸精度。

4）在正弦电磁吸盘上装卸工件时，必须将砂轮退出磨削位置，以保证装卸时的安全。

四、角度的检验

斜面与基准面的夹角，如果精度要求不太高，可以用角度尺或万能游标角度器检验。精度要求高时，可以用正弦规检验。小型工件的斜角，可以用角度量块比较测量，如图 5–62 所示。

图 5–62　用角度量块测量角度

五、平面磨削常见缺陷分析

平面磨削中出现废品是由各方面因素造成的，如砂轮、磨削用量、加工工艺和磨床等。磨削中一旦发现缺陷，应查找原因，并加以消除。平面磨削中常见的误差产生原因和消除方法见表 5–4。

表 5–4　　平面磨削中常见的误差产生原因和消除方法

误差项目	产生原因	消除方法
表面粗糙度不符合要求	1. 砂轮横向或纵向进给量过大 2. 冷却不充分 3. 砂轮钝化后没有及时修整	1. 选择合适的进给量 2. 保证磨削时充分冷却 3. 磨削中要及时修整砂轮，使砂轮经常保持锋利
尺寸误差	1. 量具选用不当 2. 测量方法不正确 3. 没有控制好进给量	1. 选用合适的量具 2. 掌握正确的测量方法 3. 磨削中测出剩下余量后，应仔细控制进给量，并经常测量
平面度误差	1. 工件变形 2. 砂轮垂直或横向进给量过大 3. 冷却不充分	1. 采取适当措施减小工件变形 2. 选择合理的磨削用量，适当延长无进给磨削时间 3. 充分冷却，减小热变形
工件边缘塌角	砂轮越出工件边缘太多	正确选择砂轮换向时间，使砂轮越出工件边缘为砂轮宽度的 1/3 ~ 1/2

续表

误差项目	产生原因	消除方法
平行度超差	1. 工件定位面或工作台台面不清洁 2. 工作台台面或工件表面有毛刺，或工件本身平面度已超差 3. 砂轮磨损不均匀	1. 加工前应做好清洁、修毛刺等工作 2. 做好工件定位面的精度检查，如平面度超差应及时修正 3. 重新修整砂轮